金刚台野生木本植物图鉴

主　编　王齐瑞　叶喜阳

黄河水利出版社
·郑州·

内 容 提 要

  本书在商城县人民政府支持下，由商城县林业局牵头，河南省林业科学研究院联合多家高校及涉林部门，历时3年编撰而成。商城县植物资源丰富，全书共收录商城县金刚台范围内木本植物300多种，选入本书植物以《河南植物志》为参照，同时也收录了许多近年来发表的河南新记录种。每个种均按学名、科名、属名、形态特征、分布与生境进行介绍，并对一些经济价值较高或具有特殊价值的种进行经济用途简介。其中形态特征为分辨树种的依据，由于篇幅所限，本书仅着重介绍了物种显著特征，如枝皮颜色、叶片着生方式、花序、花的颜色、果的形状等。每个种配一至多张高清彩色照片，分别从枝、干、叶、花、果等不同角度，尽量反映其形态特征，易懂易记，并可以按图索骥迅速在野外辨认树种。

  本书图文并茂、文字翔实、图片精美、实用性强，可供园林、园艺、林业等专业学生、户外运动爱好者参考，同时可以作为游客了解当地植物资源的科普读物。

图书在版编目 (CIP) 数据

  金刚台野生木本植物图鉴 / 王齐瑞，叶喜阳主编. — 郑州：黄河水利出版社，2014.5

  ISBN 978－7－5509－0794－2

  Ⅰ.①金⋯　Ⅱ.①王⋯　②叶⋯　Ⅲ.① 野生植物–木本植物–商城县–图集 Ⅵ.①S717.261.4-64

  中国版本图书馆CIP数据核字（2014）第092125号

组稿编辑：王路平　　电话：0371-66022212　E-mail:hhslwlp@126.com

出 版 社：黄河水利出版社	网址：www.yrcp.com
地址：河南省郑州市顺河路黄委会综合楼14层	邮编：450003

发行单位：黄河水利出版社
   发行部电话：0371－66026940、66020550、66028024、66022620(传真)
   E-mail: hhslcbs@126.com
承印单位：河南省瑞光印务股份有限公司
开本：787 mm×1 092 mm　1 / 16
印张：21.75

字数：350千字	印数：1—3 200
版次：2014年5月第1版	印次：2014年5月第1次印刷

定价：220.00元

《金刚台野生木本植物图鉴》
编委会名单

序

大别山是一处神奇的地方。

它地接南北，界隔吴楚，是我国南北水系的分水岭，也是南北民俗的分界线。因为受季风气候的滋养，这里是天然的大自然博物馆和物种资源库。无论经冬历春，大别山四季皆美。难怪诗仙李白登山望远，也不免赞叹：山之南山花烂漫，山之北白雪皑皑，此山大别于他山也！生态产业正逐渐成为促进大别山三省河南、安徽、湖北可持续发展的核心竞争力之一。

让大别山蜚声中外、声名远播的，不仅仅是这里的奇特地形和优良生态，还与烽火不息的红色传奇息息相关。一首《再见了大别山》唱得妇孺皆知，刘邓大军"千里跃进"更是让大别山名闻遐迩。

勤劳智慧的大别山人正是依托这片绿色宝地和红色圣地，打造出享誉全国的旅游胜地。山水人文优势转化为旅游发展优势的步伐逐步加快，大别山联动发展的前景更加广阔。

背依大别山、坐拥淮河水的信阳就是一颗璀璨的明珠。正是因为凭着这里植物品种众多，生态优良，先后被评为国家园林城市、国家级生态示范市，连续五年荣获"中国十佳宜居城市"称号。红绿相得益彰，成为优先快速发展的几大产业之一，给信阳经济的持续发展带来了盎然生机。

我曾在河南省林业厅工作多年。来信阳工作以后，亲身感受到信阳这个植物王国的魅力所在，感受到信阳这个天然植物宝库名不虚传，更是深深爱上了信阳这片有着红色积淀的绿色土地。我想，如果有一个集子能把大别山、信阳的资源特色汇聚起来，图说信阳、见证信阳、宣传信阳，对心仪大别山的人来说无疑是一种慰藉。恰逢商城县政府特邀在县挂职锻炼期满的王齐瑞博士编撰了这本《金刚台野生木本植物图鉴》。

金刚台是国家级地质公园，位于河南省最南端、商城县境内，豫皖两省交界处。最高峰海拔1584米，是大别山系在河南境内的最高峰，素有"豫南第一峰"之称。这里山地、丘陵、河谷、湖泊等各种地貌浑然一体，因人迹罕至，海拔差距较大，动植物种类为全省之最，十分丰富，物种保存完好，木本植物尤有特色，被誉为"生物宝库"。如青钱柳、豆腐柴、银缕梅、大别山五针松……凡此等等，在整个大别山系乃至全国都是较为珍稀、珍贵的野生植物，为大自然赋予我们的宝贵财富。

编者此次收录了金刚台野生木本植物300多种，在大别山系和信阳境内都具有很好的代表性。王齐瑞博士在两年多的时间里，带着商城县林业局的相关技术人员，大部分利用双休日和节假日，跋山涉水，披荆斩棘，拍摄了许多反映不同植物、不同生长季节形态特征的图片，然后进行筛选和浩繁的后期整理、编辑等，对这些植物作了较为详细的形态特征、生长环境的介绍，为大别山地方植物研究提供了重要参考。细细翻阅样书，我深以编者不辞劳苦、艰苦卓绝的工作而感动。

希望通过这本植物图鉴，进一步增强科普性，加深大家对植物的了解；进一步保护资源、开发植物经济；进一步吸引更多的游客和植物爱好者来大别山鉴赏，助推老区旅游产业发展，为当地百姓造福，为地方经济添彩！

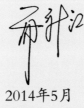

2014年5月

（乔新江，信阳市人民政府市长）

前　言

　　商城县位于河南省东南部，豫、鄂、皖三省交界处，地处大别山北麓，全县总面积2 130 km²。商城县历史悠久，人杰地灵。早在新石器时期，就有人类在这里定居生息。夏商为诸侯封地，西周为黄国地，春秋战国先属吴后归楚，秦属九江郡，西汉置雩娄县，隶庐江郡。隋开皇初，更名为殷城县。北宋建隆元年改称商城县。明成化十一年复置商城县。清代为直隶光州属县。1932年，中国工农红军第三次解放商城，更名赤城县，1937年复名商城县至今。

　　金刚台位于商城县东南20 km，地处豫皖两省交界处，海拔千米以上的山峰十余座，主峰"金刚台"海拔1 584 m，因奇石纵横，形似金刚而得名，为大别山河南境内最高峰。在大地构造上属大别山造山带，是我国南北地块（华北地块、扬子地块）的接合带，基本构造格架表现为近东西向展布的强变形带及由它们分隔或被它们夹持的、变形程度相对较弱的弱变形域相间排列的网结状构造轮廓。以具区域性和分划性的龟（山）—梅（山）断裂、磨子潭—晓天断裂为界，可将保护区划分为三个变形带：北秦岭变形带、南秦岭变形带和大别山核杂岩变形带。大别山主脉形成了江淮分水岭，岭南属长江流域，岭北属淮河流域。由南向北从中低山系渐变为低山丘陵区。区内有大小山峰200余座，沟谷切割深达200~500 m。

　　由于受大陆性气候和海洋气候影响，金刚台气候温暖湿润，四季分明。年平均日照时数2 004.4 h，占年可照时数的45%；年平均气温15.6 ℃，1月平均气温为2.5 ℃，

7月平均气温为27.5 ℃，极端高温40.5 ℃，极端最低气温
−14.2 ℃。≥0 ℃的年活动积温为5 648 ℃，≥10 ℃的年生长
积温为4 977 ℃，无霜期243 d。年平均降水量为1 235.4 mm，
降水量主要集中在夏季的6至8月，平均降水量为577.5 mm，占
全年总量的47％；冬季平均降水量为105.5 mm，占全年总量的
9％；春季为313.9 mm，占全年总量的25％；秋季238.5 mm，
占全年总量的19％。

　　金刚台植物资源丰富，据统计，共有裸子植物6科，14
属，24种；被子植物149科，853属，2 309种及变种，分别
占河南野生植物总科数的95.6％、总属数的89.3％、总种数的
73.6％。山上以天然次生林为主，兼有少量黄山松人工林，因
人迹罕至，动植物种类为全省之最，被誉为"生物宝库"。
珍稀物种丰富，种群数量大、密度高，特有物种众多，在河
南以及大别山地区是独特少有的，具有极高的科学研究价
值。以本区或其周边地区为模式种发现的植物新种有大别
山五针松、大别山山核桃、大别山细辛、大别山冬青、大别
山丹参、大别柳、井冈柳、鸡公柳、鸡公山玉兰、鸡公山茶
秆竹、河南黄杨、河南翠雀花、河南鼠尾草、河南黄芩、六
角莲、八角莲、商城薹草。上述植物的分布都非常局限，是
本区的特有种。此外，本区还是我国生物区系的南北过渡地
带，具有很高的科学价值、保护价值和生态价值。

　　近年来，在商城县人民政府的支持下，由商城县林业
局牵头，河南省林业科学研究院联合浙江农林大学、河南农
业大学、河南省大别山自然保护区管委会、商城县黄柏山林
场管委会等多家单位，近二十位专家及技术人员，对区内植
物资源进行了考察及研究。为了收集到本区内有代表性的植
物及拍到植物不同时期的形态特征照片，编委们夏季顶着酷
暑，行走密林间，还要承受来自旱蚂蝗和蛇虫的侵扰；冬季
冒着严寒及冰雪，穿行于峡谷峭壁间。他们的不辞辛苦换来

了上万张实地拍摄的植物照片，很多植物资料属于河南省首次收集到。考虑到对资源的保护，所列物种并没详细记录位置，如出于科学研究的目的，需寻找相关植物实地材料，请与当地林业部门联系。

本书编写过程中，得到各主编单位与参编单位、信阳市人民政府及河南省林业厅诸多领导的关心与支持；在野外考察过程中，时值商城县金刚台林场作为主体，申报河南省大别山国家级自然保护区，林场领导和职工在百忙之中，积极配合考察，为这项工作提供了坚强的后勤保障；商城具林业局范开红、陈纪东、黄义林等同志利用休息时间陪同上山考察，借此一并表示谢意！

本书中木本植物种类编排以区系频度及重要性为序，没有完全按分类系统及科、属编排。此外，由于拍摄时间所限，部分植物照片质量不尽如人意，敬请谅解；由于编者水平所限，如有谬误之处，恳请指正。

编　者

2014年2月

Contents 目 录

001 大别山五针松

| 学名 | *Pinus dabeshanesis* | 科名 | 松科 | 属名 | 松属 |

形态特征

乔木，高20余 m，胸径50 cm；枝条开展，树冠尖塔形；针叶5针一束，微弯曲，先端渐尖，边缘具细锯齿，背面无气孔线，仅腹面每侧有2~4条灰白色气孔线。球果圆柱状椭圆形，熟时种鳞张开，中部种鳞近长方状倒卵形，上部宽三角状圆形，下部底边宽楔形；种子淡褐色，倒卵状椭圆形，上部边缘具极短的木质翅，种皮较薄。

分布与生境

为我国特有树种，产于安徽西南部（岳西）及湖北东部（英山、罗田）的大别山区；在岳西来榜门坎岭（模式标本产地）海拔900~1 400 m的山坡地带与黄山松混生，或生于悬崖石缝间。

经济用途

边材淡黄色，心材淡红褐色，结构微粗，纹理直，材质轻软，树脂较多，耐久用。可作建筑、枕木、家具及木纤维工业原料等用材。树干可割取树脂；树皮可提取栲胶；针叶可提炼芳香油；种子食用，亦可榨油供食用或作工业用油。

002 | 马尾松

| 学名 | Pinus massoniana Lamb | 科名 | 松科 | 属名 | 松属 |

形态特征

乔木，高达45 m，胸径1.5 m；枝平展或斜展，树冠宽塔形或伞形；针叶2针一束，稀3针一束。雄球花淡红褐色，圆柱形，弯垂，聚生于新枝下部苞腋，穗状；雌球花单生或2~4个聚生于新枝近顶端，淡紫红色。球果卵圆形或圆锥状卵圆形，种子长卵圆形。花期4~5月，球果第二年10~12月成熟。

分布与生境

在长江下游垂直分布于海拔700 m以下。为喜光、深根性树种，不耐庇荫，喜温暖湿润气候，耐干旱、瘠薄，为荒山造林的先锋树种。

经济用途

纹理直，结构粗，有弹性，富树脂，耐腐力弱。可作建筑、枕木、矿柱、家具及木纤维工业（人造丝浆及造纸）原料等用材。树干可割取松脂，为医药、化工原料。为长江流域以南重要的荒山造林树种。

003 | 黄山松

| 学名 | Pinus taiwanensis Hayata | 科名 | 松科 | 属名 | 松属 |

形态特征

乔木，高达30 m，胸径80 cm；枝平展，老树树冠平顶。针叶2针一束，稍硬直，边缘有细锯齿，两面有气孔线。雄球花圆柱形，淡红褐色，聚生于新枝下部成短穗状。球果卵圆形，几无梗，向下弯垂；种子倒卵状椭圆形，具不规则的红褐色斑纹。花期4~5月，球果第二年10月成熟。

分布与生境

为我国特有树种，分布于海拔600~1 800 m山地，常组成单纯林。为喜光、深根性树种，喜凉润、空中相对湿度较大的高山气候，在土层深厚、排水良好的酸性土及向阳山坡生长良好；耐瘠薄，但生长迟缓。

经济用途

材质较马尾松为佳，质坚实，富树脂，稍耐久用。可作建筑、矿柱、器具，板材及木纤维工业原料等用材，树干可割取树脂。为长江中下游地区海拔700 m以上酸性土荒山的重要造林树种。

004 | 杉树

| 学名 | Cunninghamia lanceolata | 科名 | 杉科 | 属名 | 杉木属 |

形态特征

乔木，高达30 m，胸径可达2.5~3 m；幼树树冠尖塔形，大树树冠圆锥形，树皮灰褐色，裂成长条片脱落，内皮淡红色；大枝平展，小枝近对生或轮生，常成二列状，幼枝绿色，光滑无毛；叶在主枝上辐射伸展，侧枝之叶基部扭转成二列状，披针形或条状披针形，通常微弯、呈镰状，革质、坚硬。雄球花圆锥状，簇生枝顶；雌球花单生或2~3（稀4）个集生。球果卵圆形。花期4月，球果10月下旬成熟。

分布与生境

为我国长江流域、秦岭以南地区栽培最广、生长快、经济价值高的用材树种。垂直分布的上限常随地形和气候条件的不同而有差异。在东部大别山区分布于海拔700 m以下。

经济用途

木材黄白色，有时心材带淡红褐色，质较软，细致，有香气，纹理直，易加工，比重0.38，耐腐力强，不受白蚁蛀食。供建筑、桥梁、造船、矿柱、木桩、电杆、家具及木纤维工业原料等用。树皮含单宁。

005 | 侧柏

| 学名 | Platycladus orientalis | 科名 | 柏科 | 属名 | 柏属 |

形态特征

乔木，高达20 m，胸径1 m；树皮薄，浅灰褐色，纵裂成条片；枝条向上伸展或斜展，幼树树冠卵状尖塔形，老树树冠则为广圆形；叶鳞形，先端微钝。雄球花黄色，卵圆形；雌球花近球形，蓝绿色，被白粉。球果近卵圆形；种子卵圆形或近椭圆形，稍有棱脊，无翅或有极窄之翅。花期3~4月，球果10月成熟。

分布与生境

产于内蒙古南部、吉林、辽宁、河北、山西、山东、江苏、浙江、福建、安徽、江西、河南、陕西、甘肃、四川、云南、贵州、湖北、湖南、广东北部及广西北部等省区。在河南、陕西等地分布可达海拔1 500 m。淮河以北、华北地区石炭岩山地、阳坡及平原多选用造林。

经济用途

木材淡黄褐色，富树脂，材质细密，纹理斜行，耐腐力强，坚实耐用。可作建筑、器具、家具、农具及文具等用材。种子与生鳞叶的小枝入药，前者为强壮滋补药，后者为健胃药，又为清凉收敛药及淋疾的利尿药。常栽培作庭园树。

006 三尖杉

| 学名 | Cephalotaxus fortunei | 科名 | 三尖杉科 | 属名 | 三尖杉属 |

形态特征

乔木，高达20 m，胸径达40 cm；树皮褐色或红褐色，裂成片状脱落；枝条较细长，稍下垂；树冠广圆形；叶排成两列，披针状条形。雄球花8~10个聚生成头状；雌球花的胚珠3~8枚发育成种子，种子椭圆状卵形或近圆球形，假种皮成熟时紫色或红紫色。花期4月，种子8~10月成熟。

分布与生境

为我国特有树种，产于浙江、安徽南部、福建、江西、湖南、湖北、河南南部、陕西南部、甘肃南部、四川、云南、贵州、广西及广东等省区。在东部各省生于海拔200~1 000 m地带，生于阔叶树、针叶树混交林中。

经济用途

木材黄褐色，纹理细致，材质坚实，韧性强，有弹性。可作建筑、桥梁、舟车、农具、家具及器具等用材。叶、枝、种子、根可提取多种植物碱，对治疗淋巴肉瘤等有一定的疗效；种仁可榨油，供工业用。

007 粗榧

| 学名 | Cephalotaxus sinensis | 科名 | 三尖杉科 | 属名 | 三尖杉属 |

形态特征

灌木或小乔木，高达15 m，少为大乔木；树皮灰色或灰褐色，裂成薄片状脱落。叶条形，排列成两列，通常直，稀微弯，基部近圆形，几无柄。雄球花6~7个聚生成头状，雄球花卵圆形。种子通常2~5个着生于轴上，卵圆形、椭圆状卵形或近球形，很少成倒卵状椭圆形。花期3~4月，种子8~10月成熟。

分布与生境

为我国特有树种，分布很广，产于江苏南部、浙江、安徽南部、福建、江西、河南、湖南、湖北、陕西南部、甘肃南部、四川、云南东南部、贵州东北部、广西、广东西南部，多数生于海拔600~2 200 m的花岗岩、砂岩及石灰岩山地。

经济用途

木材坚实，可作农具及工艺等用。叶、枝、种子、根可提取多种植物碱，对治疗白血病及淋巴肉瘤等有一定疗效。可作庭园树种。

008 红豆杉

| 学名 Taxus chinensis | 科名 红豆杉科 | 属名 红豆杉属 |

形态特征

乔木，高达30 m，胸径达60~100 cm；树皮灰褐色、红褐色或暗褐色，裂成条片脱落；大枝开展，一年生枝绿色或淡黄绿色，秋季变成绿黄色或淡红褐色；叶排列成两列，条形，微弯或较直，上部微渐窄，下面淡黄绿色，有两条气孔带，中脉带上有密生均匀而微小的圆形角质乳头状突起点，常与气孔带同色，稀色较浅。种子生于杯状红色肉质的假种皮中，间或生于近膜质盘状的种托（即未发育成肉质假种皮的珠托）之上。

分布与生境

为我国特有树种，产于甘肃南部、陕西南部、四川、云南东北部及东南部、贵州西部及东南部、湖北西部、湖南东北部、广西北部和安徽南部（黄山），常生于海拔1 000~1 200 m以上的高山上部。

经济用途

心材橘红色，边材淡黄褐色，纹理直，结构细，坚实耐用，干后少开裂。可作建筑、车辆、家具、器具、农具及文具等用材。

009 厚朴

| 学名 | Magnolia officinalis Rehd.et Wils | 科名 | 木兰科 | 属名 | 木兰属 |

形态特征

　　落叶乔木，高达20 m；树皮厚，褐色，不开裂；小枝粗壮，淡黄色或灰黄色，幼时有绢毛；叶大，近革质，7~9片聚生于枝端，长圆状倒卵形，先端具短急尖或圆钝。花白色，盛开时常向外反卷，内两轮白色，倒卵状匙形，花盛开时中内轮直立；雌蕊群椭圆状卵圆形。聚合果长圆状卵圆形，蓇葖具长3~4 mm的喙，种子三角状倒卵形。花期5~6月，果期8~10月。

分布与生境

　　产于陕西南部、甘肃东南部、河南东南部（商城、新县）、湖北西部、湖南西南部、四川（中部、东部）、贵州东北部。生于海拔300~1 500 m的山地林间。

经济用途

　　树皮、根皮、花、种子及芽皆可入药，以树皮为主，为著名中药，有化湿导滞、行气平喘、化食消痰、驱风镇痛之效；种子有明目益气功效，芽作妇科药用。种子可榨油，含油量35%，出油率25%，可制肥皂。木材供建筑、板料、家具、雕刻、乐器、细木工等用。叶大荫浓，花大美丽，可作绿化观赏树种。

010 白玉兰

| 学名 | Magnolia cylindrica | 科名 | 木兰科 | 属名 | 木兰属 |

形态特征

落叶乔木，高达10 m，树皮灰白色，平滑。嫩枝、叶柄、叶背被淡黄色平伏毛。老枝紫褐色，皮揉碎有辛辣香气。叶膜质，倒卵形、狭倒卵形、倒卵状长圆形，先端尖或圆，很少短尾状钝尖。花先叶开放，直立；花蕾卵圆形，被淡灰黄色或银灰色长毛；花梗粗壮，中内两轮花瓣状，白色，倒卵形。聚合果圆柱形。花期5~6月，果期8~9月。

分布与生境

产于安徽、浙江、江西、福建、湖北西南。生于海拔700~1 600 m的山地林间。

经济用途

花大，白色，先叶开放。是传统景观树种，可孤植、片植或做行道树，亦可做庭院树种。花蕾入药，同望春玉兰。

011 望春玉兰

| 学名 | Magnolia biondii | 科名 | 木兰科 | 属名 | 木兰属 |

形态特征

落叶乔木，高可达12 m，胸径达1 m；树皮淡灰色，光滑；小枝细长，灰绿色，无毛；叶椭圆状披针形、卵状披针形、狭倒卵形或卵形，先端急尖，或短渐尖。花先叶开放，芳香；花梗顶端膨大，中内两轮近匙形，白色，外面基部常紫红色，内轮的较狭小。聚合果圆柱形，常因部分不育而扭曲；蓇葖浅褐色，近圆形，种子心形，外种皮鲜红色，内种皮深黑色。花期3月，果熟期9月。

分布与生境

产于陕西、甘肃、河南、湖北、四川等省。生于海拔600~2 100 m的山林间。

经济用途

花可提出浸膏作香精；本种为优良的庭园绿化树种，亦可作玉兰及其他同属种类的砧木。经考证，本种是中药辛夷的正品。

012 | 马褂木

| 学名 | *Liriodendron chinense* | 科名 | 木兰科 | 属名 | 鹅掌楸属 |

形态特征

乔木，高达40 m，胸径1 m以上，小枝灰色或灰褐色。叶马褂状，近基部每边具1侧裂片，先端具2浅裂，下面苍白色。花杯状，萼片状，向外弯垂，内2轮6片，直立，花瓣状、倒卵形，长3~4 cm，绿色，具黄色纵条纹，花期时雌蕊群超出花被之上，心皮黄绿色。聚合果，种子具翅。花期5月，果期9~10月。

分布与生境

产于陕西、安徽、浙江、福建、湖北、湖南、广西、四川、贵州等省。生于海拔900~1 000 m的山地林中。

经济用途

木材淡红褐色，纹理直，结构细，质轻软，易加工，少变形，干燥后少开裂，无虫蛀。可作建筑、造船、家具、细木工的优良用材，亦可制胶合板；叶和树皮入药。树干挺直，树冠伞形，叶形奇特、古雅，为世界最珍贵的树种之一。

013 红毒茴

| 学名 | Illicium lanceolatum | 科名 | 木兰科 | 属名 | 八角属 |

形态特征

灌木或小乔木，高3~10 m；枝条纤细，树皮浅灰色至灰褐色。叶互生或稀疏地簇生于小枝近顶端或排成假轮生，革质，披针形、倒披针形或倒卵状椭圆形，先端尾尖或渐尖。花腋生或近顶生，单生或2~3朵，红色、深红色；蓇葖果纤细、蓇葖10~14（少有9）枚轮状排列。花期4~6月，果期8~10月。

分布与生境

产于江苏南部、安徽、浙江、江西、福建、湖北、湖南、贵州。生于混交林、疏林、灌丛中，常生于海拔300~1 500 m的阴湿峡谷和溪流沿岸。

经济用途

果和叶有强烈香气，可提芳香油，为高级香料的原料。据分析，叶含芳香油0.66%。根和根皮有毒，入药祛风除湿、散瘀止痛，治跌打损伤、风湿性关节炎，取鲜根皮加酒捣烂敷患处。历代本草认为红毒茴主治风症，种子有毒，浸出液可杀虫，作土农药。本种果实也有毒，不可作八角、茴香使用。

014 南五味子

| 学名 | Kadsura longipedunculata | 科名 | 木兰科 | 属名 | 南五味子属 |

形态特征

藤本，各部无毛；长圆状披针形、倒卵状披针形或卵状长圆形，先端渐尖或尖。花单生于叶腋，雌雄异株，雄花花被片白色或淡黄色，雌花花被片与雄花相似。聚合果球形，小浆果倒卵圆形，外果皮薄革质，干时显出种子。种子2~3颗，稀4~5颗，肾形或肾状椭圆体形。花期6~9月，果期9~12月。

分布与生境

产于江苏、安徽、浙江、江西、福建、湖北、湖南、广东、广西、四川、云南。生于海拔1 000 m以下的山坡、林中。

经济用途

根、茎、叶、种子均可入药；种子为滋补强壮剂和镇咳药，治神经衰弱、支气管炎等症；茎、叶、果实可提取芳香油；茎皮可作绳索。

015 华中五味子

| 学名 | Schisandra sphenanthera | 科名 | 木兰科 | 属名 | 五味子属 |

形态特征

落叶木质藤本，全株无毛，很少在叶背脉上有稀疏细柔毛。叶纸质，倒卵形、宽倒卵形，或倒卵状长椭圆形，有时圆形，很少椭圆形。花生于近基部叶腋，花梗纤细，基部具长3~4 mm的膜质苞片，花被片橙黄色，聚合果成熟时浆红色，具短柄；种子长圆体形或肾形。花期4~7月，果期7~9月。

分布与生境

产于山西、陕西、甘肃、山东、江苏、安徽、浙江、江西、福建、河南、湖北、湖南、四川、贵州、云南东北部。生于海拔600~3 000 m的湿润山坡边或灌丛中。

经济用途

果供药用，为五味子代用品；种子榨油可制肥皂或作润滑油。

016 天竺桂

| 学名 | Cinnamomum japonicum | 科名 | 樟科 | 属名 | 樟属 |

形态特征

常绿乔木，高10~15 m，胸径30~35 cm。枝条细弱，圆柱形，几无毛，红色或红褐色，具香气。叶近对生或在枝条上部者互生，卵圆状长圆形至长圆状披针形，革质，上面绿色，光亮，下面灰绿色，晦暗，两面无毛，离基三出脉，中脉直贯叶端，在叶片上部有少数支脉；叶柄粗壮，腹凹背凸，红褐色，无毛。圆锥花序腋生，花被筒倒锥形。果长圆形，无毛；果托浅杯状，顶部开张，边缘极全缘或具浅圆齿，基部骤然收缩成细长的果梗。花期4~5月，果期7~9月。

分布与生境

产于江苏、浙江、安徽、江西、福建及台湾。生于低山或近海的常绿阔叶林中，海拔300~1 000 m或以下。

经济用途

枝叶及树皮可提取芳香油，供制各种香精及香料的原料。果核含脂肪，供制肥皂及润滑油。木材坚硬而耐久，耐水湿，可供建筑、造船、桥梁、车辆及家具等用。

017 | 川桂

| 学名 | Cinnamomum wilsonii | 科名 | 樟科 | 属名 | 樟属 |

形态特征

乔木，高25 m，胸径30 cm。枝条圆柱形，干时深褐色或紫褐色。叶互生或近对生，卵圆形或卵圆状长圆形，革质，边缘软骨质而内卷，上面绿色，光亮，无毛，下面灰绿色，晦暗，幼时明显被白色丝毛但最后变无毛，离基三出脉，中脉与侧脉两面凸起，干时均呈淡黄色。圆锥花序腋生，花白色。果卵圆状心形，先端锐尖，具柄。花期4~5月，果期6月以后。

分布与生境

产于陕西、四川、湖北、湖南、广西、广东及江西。生于山谷或山坡阳处或沟边，疏林或密林中。

经济用途

枝叶和果均含芳香油，油供作食品或皂用香精的调和原料。树皮入药，功效为补肾和散寒祛风，治风湿筋骨痛、跌打及腹痛吐泻等症。

018 小果润楠

| 学名 | Machilus microcarpa | 科名 | 樟科 | 属名 | 润楠属 |

形态特征

乔木，高达8 m或更高。小枝纤细，无毛。顶芽卵形，芽鳞宽，早落，密被绢毛。叶倒卵形、倒披针形至椭圆形或长椭圆形，先端尾状渐尖，圆锥花序集生于小枝枝端。果球形，直径5~7 mm。

分布与生境

产于四川、湖北、贵州。生于山地阔叶混交林中。

019 黑壳楠

| 学名 | *Lindera megaphylla* | 科名 | 樟科 | 属名 | 山胡椒属 |

形态特征

　　常绿乔木，高3~15 m，胸径达35 cm以上，树皮灰黑色。枝条圆柱形，粗壮，紫黑色，无毛，散布有木栓质凸起的近圆形纵裂皮孔；倒披针形至倒卵状长圆形，有时长卵形，革质。伞形花序多花，雌雄花黄绿色。果椭圆形至卵形，成熟时紫黑色，无毛。花期2~4月，果期9~12月。

分布与生境

　　产于陕西、甘肃、四川、云南、贵州、湖北、湖南、安徽、江西、福建、广东、广西等省区。生于山坡、谷地湿润常绿阔叶林或灌丛中，海拔1 600~2 000 m处。

经济用途

　　种仁含油近50％，油为不干性油，为制皂原料；果皮、叶含芳香油，油可作调香原料；木材黄褐色，纹理直，结构细，可作装饰薄木、家具及建筑用材。

020 紫楠

| 学名 | Phoebe sheareri(Hemsl.) Gamble | 科名 | 樟科 | 属名 | 楠属 |

形态特征

常绿乔木，高达20 m，胸径50 cm；树皮灰白色。小枝、叶柄及花序密。叶革质，倒卵形、椭圆状倒卵形或阔倒披针形，先端突渐尖或突尾状渐尖。圆锥花序，在顶端分枝。果卵形，果梗略增粗，种子单胚性，两侧对称。花期5~6月，果10~11月成熟。

分布与生境

广泛分布于长江流域及其以南和西南各省，多生于海拔1 000 m以下的林间。

经济用途

紫楠树形端正美观，叶大荫浓，宜作庭荫树及绿化、风景树。在草坪孤植、丛植，或在大型建筑物前后配植，显得雄伟壮观。紫楠还有较好的防风、防火效能，可栽作防护林带。紫楠属于金丝楠的一种，木材坚硬、耐腐，是建筑、造船、家具等良材。根、枝、叶均可提炼芳香油，供医药或工业用；种子可榨油，供制皂和作润滑油。

021 湘楠

| 学名 | Phoebe hunanensis | 科名 | 樟科 | 属名 | 楠属 |

形态特征

灌木或小乔木，通常高3~8 m，小枝干时常为红褐色或红黑色，有棱，无毛；叶革质或近革质，倒阔披针形，少为倒卵状披针形。花序生于当年生枝上部。果卵形，果梗略增粗；宿存花被片卵形，纵脉明显，松散，常可见到缘毛。花期5~6月，果期8~9月。

分布与生境

产于甘肃、陕西、江西西南部、江苏、湖北、湖南中东南及西部、贵州东部。生于沟谷或水边。

经济用途

木材纹理通直，质地细腻，供建筑、造船及高档家具用。

022 绿叶甘橿

| 学名 | *Lindera fruticosa* Hemsl. | 科名 | 樟科 | 属名 | 山胡椒属 |

形态特征

落叶灌木或小乔木，小枝绿色或黄绿色，无皮孔；叶宽卵形或卵形，叶脉三出或离基三出；伞形花序生于顶芽及腋芽两侧，花序总梗无毛；果圆球形，熟时红色，果梗短。花期4~5月，果期8~9月。

分布与生境

分布于浙江、安徽、江西、福建、湖北、湖南、四川、贵州、云南、西藏、河南、陕西等省区。生于草坡或混交林中，海拔1 400~3 000 m。

经济用途

种子油可供制肥皂和润滑油；叶可提芳香油，供调制香料、香精用。

023 山橿

| 学名 | Lindera reflexa Hemsl. | 科名 | 樟科 | 属名 | 山胡椒属 |

形态特征

　　落叶灌木或小乔木；树皮棕褐色，有纵裂及斑点；叶互生，通常卵形或倒卵状椭圆形，有时为狭倒卵形或狭椭圆形，叶柄幼时被柔毛，后脱落；总苞片4枚，内有花约5朵；花被片6枚，黄色，椭圆形；果球形，直径约7 mm，熟时红色；果梗无皮孔，被疏柔毛。花期4月，果期8月。

分布与生境

　　产于河南及长江以南至南部各省，多生于山坡林缘或路旁灌丛中。

经济用途

　　根入药，夏秋采收，祛风理气，止血，消肿，杀虫，主治癣疥、过敏性皮炎、胃痛、刀伤出血。

024 豹皮樟

| 学名 | Litsea coreana | 科名 | 樟科 | 属名 | 木姜子属 |

形态特征

常绿乔木，高8~15 m，胸径30~40 cm；树皮灰色，呈小鳞片状剥落，脱落后呈鹿皮斑痕。幼枝红褐色，无毛，老枝黑褐色，无毛。叶互生，叶片长圆形或披针形，先端多急尖。伞形花序腋生，无总梗或有极短的总梗；花梗粗短，密被长柔毛。果近球形，果托扁平，宿存有6裂花被裂片。花期8~9月，果期翌年夏季。

分布与生境

产于浙江、江苏、安徽、河南、湖北、江西、福建。生于山地杂木林中，海拔900 m以下。

经济用途

民间用根治疗胃脘胀痛。

025 三桠乌药

| 学名 | Lindera obtusiloba | 科名 | 樟科 | 属名 | 山胡椒属 |

形态特征

落叶乔木或灌木，高3~10 m；树皮黑棕色。小枝黄绿色，当年枝条较平滑，有纵纹，老枝渐多木栓质皮孔、褐斑及纵裂。叶互生，近圆形至扁圆形，全缘或3裂，常明显3裂。花序为腋生混合芽。果广椭圆形，成熟时红色，后变紫黑色，干时黑褐色。花期3~4月，果期8~9月。

分布与生境

产于辽宁千山以南、山东昆嵛山以南、安徽、江苏、河南、陕西渭南和宝鸡以南及甘肃南部、浙江、江西、福建、湖南、湖北、四川、西藏等省区。从北向南生于海拔20~3 000 m的山谷、密林灌丛中。

经济用途

种子含油达60%，可用于医药及作轻工业原料；木材致密，可作细木工用材。

026 | 山胡椒

| 学名 | Lindera glauca | 科名 | 樟科 | 属名 | 山胡椒属 |

形态特征

落叶灌木或小乔木，高可达8 m；树皮平滑，灰色或灰白色。幼枝条白黄色，初有褐色毛，后脱落成无毛。叶互生，宽椭圆形、椭圆形、倒卵形到狭倒卵形；叶枯后不落，翌年新叶发出时落下。伞形花序腋生，总梗短或不明显。熟时黑褐色，果梗长1~1.5 cm。花期3~4月，果期7~8月。

分布与生境

产于山东昆嵛山以南、河南嵩县以南、陕西郧县以南以及甘肃、山西、江苏、安徽、浙江、江西、福建、台湾、广东、广西、湖北、湖南、四川等省区。生于海拔900 m左右以下山坡、林缘、路旁。

经济用途

木材可作家具；叶、果皮可提芳香油；种仁油含月桂酸，油可作肥皂和润滑油；根、枝、叶、果药用；叶可温中散寒、破气化滞、祛风消肿；根治劳伤脱力、水湿浮肿、四肢酸麻、风湿性关节炎、跌打损伤；果治胃痛。

027 狭叶山胡椒

| 学名 | Lindera angustifolia Cheng | 科名 | 樟科 | 属名 | 山胡椒属 |

形态特征

落叶灌木或小乔木，高2～8 m。小枝黄绿色，无毛。单叶互生，近革质，椭圆状披针形或椭圆形，长7.5～14 cm，宽2.5～3.5 cm，基部楔形，先端尖或钝，边全缘，上面无毛，下面脉上有短细毛；叶脉羽状。核果球形，直径约8 mm，黑色，无毛。花期3～4月。果期9～10月。

分布与生境

分布于江苏、浙江、安徽、江西、湖南、湖北、广东、广西、河北、山东等地。生于灌丛路旁。

经济用途

种子含脂肪油，可制肥皂和作机械润滑油；果、叶可提取芳香油，可作食品及化妆品香精等用。

028 红果山胡椒

| 学名 | Lindera erythrocarpa | 科名 | 樟科 | 属名 | 山胡椒属 |

形态特征

落叶灌木或小乔木，高可达5 m；树皮灰褐色，幼枝条通常灰白或灰黄色，多皮孔，其木栓质突起致皮甚粗糙。叶互生，通常为倒披针形，偶有倒卵形，先端渐尖，基部狭楔形，常下延。伞形花序着生于腋芽两侧各一。果球形，直径7~8 mm，熟时红色；果梗长1.5~1.8 cm，向先端渐增粗至果托，但果托并不明显扩大，直径3~4 mm。

花期4月，果期9~10月。

分布与生境

产于陕西、河南、山东、江苏、安徽、浙江、江西、湖北、湖南、福建、台湾、广东、广西、四川等省区。生于海拔1 000 m以下山坡、山谷、溪边、林下等处。朝鲜、日本也有分布。

029 大果山胡椒

| 学名 | Lindera praecox | 科名 | 樟科 | 属名 | 山胡椒属 |

形态特征

落叶灌木，高可达4 m；树皮黑灰色。幼枝条纤细，灰青色，多皮孔，有细皱纹。叶互生，卵形或椭圆形，先端渐尖，基部宽楔形。伞形花序生于腋芽两侧各一。果球形，直径可达1.5 cm，熟时黄褐色；果梗长7~10 mm，有皮孔，向上渐增粗，果托直径近3 mm。花期3月，果期9月。

分布与生境

产于浙江、安徽、湖北等省。生于低山、山坡灌丛中。

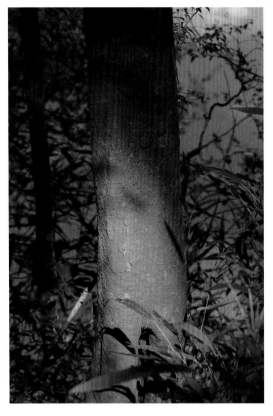

030 黄丹市姜子

| 学名 | Litsea elongata (Nees) Hook.f. | 科名 | 樟科 | 属名 | 木姜子属 |

形态特征

　　常绿小乔木或中乔木，高达12 m，胸径达40 cm；树皮灰黄色或褐色。小枝黄褐至灰褐色，密被褐色绒毛。叶互生，长圆形、长圆状披针形至倒披针形，先端钝或短渐尖。伞形花序单生，少簇生。果长圆形，成熟时黑紫色；果托杯状。花期5~11月，果期2~6月。

分布与生境

　　产于广东、广西、湖南、湖北、四川、贵州、云南、西藏、安徽、浙江、江苏、江西、福建。生于山坡路旁、溪旁、杂木林下，海拔500~2 000 m。

经济用途

　　本种木材可供建筑及家具等用；种子可榨油，供工业用。

031 马桑

| 学名 | *Coriaria nepalensis* | 科名 | 马桑科 | 属名 | 马桑属 |

形态特征

灌木，高1.5~2.5 m，分枝水平开展，小枝四棱形或成四狭翅，幼枝疏被微柔毛，后变无毛，常带紫色，老枝紫褐色，具显著圆形突起的皮孔。叶对生，纸质至薄革质，椭圆形或阔椭圆形，先端急尖。总状花序生于二年生的枝条上，雄花序先叶开放。果球形，果期花瓣肉质增大包于果外，成熟时由红色变紫黑色，直径4~6 mm；种子卵状长圆形。

分布与生境

产于云南、贵州、四川、湖北、陕西、甘肃、西藏；生于海拔400~3 200 m的灌丛中。

经济用途

果可提酒精，种子榨油可作油漆和油墨，茎叶可提栲胶。全株含马桑碱，有毒，可作土农药。

032 绣球绣线菊

| 学名 | Spiraea blumei | 科名 | 蔷薇科 | 属名 | 绣线菊属 |

形态特征

　　灌木，高1~2 m；小枝细，开张，稍弯曲，深红褐色或暗灰褐色，无毛。叶片菱状卵形至倒卵形，先端圆钝或微尖，基部楔形，两面无毛，下面浅蓝绿色，基部具有不明显的3条脉或羽状脉。伞形花序有总梗，无毛；花瓣宽倒卵形，先端微凹，白色。蓇葖果较直立，无毛，花柱位于背部先端，倾斜开展，萼片直立。花期4~6月，果期8~10月。

分布与生境

　　产于北方多省。生于向阳山坡、杂木林内或路旁，海拔500~2 000 m。

经济用途

　　观赏灌木，庭园中习见栽培。叶可代茶，根、果供药用。

033 麻叶绣线菊

| 学名 | Spiraca cantoniensis Lour. | 科名 | 蔷薇科 | 属名 | 绣线菊属 |

形态特征

灌木，高达1.5 m；小枝细瘦，圆柱形，呈拱形弯曲，幼时暗红褐色。叶片菱状披针形至菱状长圆形，先端急尖。伞形花序具多数花朵；花瓣近圆形或倒卵形，白色。蓇葖果直立，无毛。花期4~5月，果期7~9月。

分布与生境

分布于广东、广西、福建、浙江、江西、河南、陕西、安徽、江苏等省区，性喜温暖和阳光充足的环境。稍耐寒、耐阴，较耐干旱，忌湿涝，分蘖力强，冬季能耐-5 ℃低温。

经济用途

花繁密，盛开时枝条全被细小的白花覆盖，形似一条条拱形玉带，洁白可爱，叶清丽。可成片配置于草坪、路边、斜坡、池畔，也可单株或数株点缀花坛。

034 | 珍珠梅

| 学名 | *Sorbaria sorbifolia* | 科名 | 蔷薇科 | 属名 | 珍珠梅属 |

形态特征

灌木，高达2 m，枝条开展；小枝圆柱形，稍屈曲，无毛或微被短柔毛。羽状复叶，小叶片11~17枚，对生，披针形至卵状披针形，羽状网脉，小叶无柄或近于无柄。顶生大型密集圆锥花序，分枝近于直立，花瓣长圆形或倒卵形，白色。蓇葖果长圆形，果梗直立。花期7~8月，果期9月。

分布与生境

产于辽宁、吉林、黑龙江、内蒙古。生于山坡疏林中，海拔250~1 500 m。

经济用途

花、叶清丽，花期很长又值夏季少花季节，是在园林应用上十分受欢迎的观赏树种，可孤植、列植，丛植效果甚佳。

035 | 华空市

| 学名 | *Stephanandra chinensis* | 科名 | 蔷薇科 | 属名 | 小米空木属 |

形态特征

灌木，高1.5 m。叶卵形至长卵形，长5~7 cm，宽2~3 cm，顶端渐尖或长尖，边缘浅裂，并有重锯齿，两面无毛，少有疏柔毛；叶柄短，有细毛。圆锥花序顶生；花小，白色，直径3~4 mm。蓇葖果近球形，疏生柔毛。

分布与生境

产于河南、湖北、江西、湖南、安徽、江苏、浙江、四川、广东、福建。生于阔叶林边或灌木丛中，海拔1 000~1 500 m。

经济用途

茎皮纤维可造纸；根药用，煎水服治咽喉肿痛。园林用于孤植、丛植均宜，点缀林缘、沟旁，尤为耀目。

036 白鹃梅

| 学名 | Exochorda racemosa | 科名 | 蔷薇科 | 属名 | 白鹃梅属 |

形态特征

　　灌木，高达3~5 m，枝条细弱开展；小枝圆柱形，微有棱角，无毛，幼时红褐色，老时褐色。叶片椭圆形、长椭圆形至长圆倒卵形，先端圆钝或急尖，稀有突尖。总状花序，花瓣倒卵形，白色。蒴果倒圆锥形。花期5月，果期6~8月。

分布与生境

　　产于河南、江西、江苏、浙江。生于山坡阴地，海拔250~500 m。

经济用途

　　根皮、树皮可用于治疗腰骨酸痛。花蕾和嫩叶均可食用，为既可观赏又可食用的木本植物。树姿秀美，花大朵多，洁白如雪，清丽动人，是美化庭园的优良树种。

037 水榆花楸

| 学名 | *Sorbus alnifolia* | 科名 | 蔷薇科 | 属名 | 花楸属 |

形态特征

乔木，高达20 m，二年生枝暗红褐色，老枝暗灰褐色，无毛。叶片卵形至椭圆卵形，先端短渐尖。复伞房花序较疏松，花瓣卵形或近圆形，白色。果实椭圆形或卵形，红色或黄色，不具斑点或具极少数细小斑点。花期5月，果期8~9月。

分布与生境

产于黑龙江、吉林、辽宁、河北、河南、陕西、甘肃、山东、安徽、湖北、江西、浙江、四川。生于山坡、山沟或山顶混交林或灌木丛中，海拔500~2 300 m。

经济用途

树冠圆锥形，秋季叶片转变成猩红色，为美丽观赏树种。木材供作器具、车辆及模型用，树皮可作染料，纤维作造纸原料。

038 石灰花楸

| 学名 | Sorbus folgneri | 科名 | 蔷薇科 | 属名 | 花楸属 |

形态特征

乔木，高达10 m；小枝圆柱形，具少数皮孔，黑褐色。叶片卵形至椭圆卵形，先端急尖或短渐尖，基部宽楔形或圆形，边缘有细锯齿，在新枝上的叶片有重锯齿和浅裂片；上面深绿色，无毛，下面密被白色绒毛，中脉和侧脉上也具绒毛。复伞房花序具多花，花瓣卵形，白色。果实椭圆形，红色，近平滑或有极少数不明显的细小斑点。花期4~5月，果期7~8月。

分布与生境

产于陕西、甘肃、河南、湖北、湖南、江西、安徽、广东、广西、贵州、四川、云南。广泛生于山坡杂木林中，海拔800~2 000 m。

经济用途

树姿优美，春开白花，秋结红果，十分秀丽，适宜于园林栽培观赏。木材可制作高级家具，枝条可供药用。

039 湖北花楸

| 学名 | Sorbus hupehensis | 科名 | 蔷薇科 | 属名 | 花楸属 |

形态特征

乔木，高5~10 m；小枝圆柱形，暗灰褐色，具少数皮孔，幼时微被白色绒毛，不久脱落。奇数羽状复叶，小叶片4~8对，长圆披针形或卵状披针形；上面无毛，下面沿中脉有白色绒毛。复伞房花序具多数花朵，花瓣卵形，白色。果实球形，直径5~8 mm，白色，有时带粉红晕，先端具宿存闭合萼片。花期5~7月，果期8~9月。

分布与生境

产于湖北、江西、安徽、山东、四川、贵州、陕西、甘肃、青海。普遍生于高山阴坡或山沟密林内，海拔1 500~3 500 m。

经济用途

密集的花序，点缀着很多白色花朵，秋季结出红色、黄色或白色的果实，挂满枝头，可供观赏之用。果实中含丰富的维生素和糖分，可作果酱、果糕及酿酒之用。种子含脂肪和苦杏仁素，供制肥皂及医药工业用；枝皮含单宁。

040 野山楂

| 学名 | *Crataegus cuneata* | 科名 | 蔷薇科 | 属名 | 山楂属 |

形态特征

落叶灌木，高达15 m；分枝密，通常具细刺，小枝细弱，圆柱形，有棱，幼时被柔毛；一年生枝紫褐色，无毛，老枝灰褐色，散生长圆形皮孔。叶片宽倒卵形至倒卵状长圆形。伞房花序，花瓣近圆形或倒卵形，白色，基部有短爪。果实近球形或扁球形，直径1~1.2 cm，红色或黄色，常具有宿存反折萼片或1个苞片；小核4~5个，内面两侧平滑。花期5~6月，果期9~11月。

分布与生境

产于河南、湖北、江西、湖南、安徽、江苏、浙江、云南、贵州、广东、广西、福建。生于山谷、多石湿地或山地灌木丛中，海拔250~2 000 m。

经济用途

果实多肉可供生食、酿酒或制果酱，入药有健胃、消积化滞之效；嫩叶可以代茶，茎叶煮汁可治漆疮。

041 湖北山楂

| 学名 | Crataegus hupehensis | 科名 | 蔷薇科 | 属名 | 山楂属 |

形态特征

乔木或灌木，高达3~5 m，枝条开展；刺少，直立，长约1.5 cm，也常无刺；小枝圆柱形，无毛，紫褐色。叶片卵形至卵状长圆形。伞房花序，具多花，花瓣卵形，白色。果实近球形，直径2.5 cm，深红色，有斑点，萼片宿存，反折；小核5个，两侧平滑。花期5~6月，果期8~9月。

分布与生境

产于湖北、湖南、江西、江苏、浙江、四川、陕西、山西、河南。生于山坡灌木丛中，海拔500~2 000 m。

经济用途

果可食或作山楂糕及酿酒。

042 中华石楠

| 学名 | Photinia beauverdiana | 科名 | 蔷薇科 | 属名 | 石楠属 |

形态特征

　　落叶灌木或小乔木，高3~10 m；小枝无毛，紫褐色，有散生灰色皮孔。叶片薄纸质，长圆形、倒卵状长圆形或卵状披针形。花多数，成复伞房花序，总花梗和花梗无毛，密生疣点，花瓣白色，卵形或倒卵形。果实卵形，长7~8 mm，直径5~6 mm，紫红色，无毛，微有疣点，先端有宿存萼片；果梗长1~2 cm。花期5月，果期7~8月。

分布与生境

　　产于陕西、河南、江苏、安徽、浙江、江西、湖南、湖北、四川、云南、贵州、广东、广西、福建。生于山坡或山谷林下，海拔1 000~1 700 m。

经济用途

　　有密集的花序，夏季开白色花朵，秋季结成多数红色果实，可供观赏之用。木材坚硬，可作伞柄、秤杆、算盘珠、家具、农具等。

043 小叶石楠

| 学名 | *Photinia parvifolia* | 科名 | 蔷薇科 | 属名 | 石楠属 |

形态特征

落叶灌木，高1~3 m；枝纤细，小枝红褐色，无毛，有黄色散生皮孔。叶片革质，椭圆形、椭圆卵形或菱状卵形，先端渐尖或尾尖。花2~9朵，成伞形花序，生于侧枝顶端，无总花梗，花瓣白色。果实椭圆形或卵形，橘红色或紫色，无毛，有直立宿存萼片，内含2~3个卵形种子；果梗密布疣点。花期4~5月，果期7~8月。

分布与生境

产于河南、江苏、安徽、浙江、江西、湖南、湖北、四川、贵州、台湾、广东、广西。生于海拔1 000 m以下低山丘陵灌丛中。

经济用途

根、枝、叶供药用，有行血止血、止痛功效。

044 毛叶石楠

| 学名 | *Photinia villosa* | 科名 | 蔷薇科 | 属名 | 石楠属 |

形态特征

落叶灌木或小乔木，高2~5 m；小枝幼时有白色长柔毛，以后脱落无毛，灰褐色，叶片纸质，倒卵形或长圆倒卵形，先端尾尖。花10~20朵，成顶生伞房花序，花瓣白色。果实椭圆形或卵形，红色或黄红色，稍有柔毛，顶端有直立宿存萼片。花期4月，果期8~9月。

分布与生境

产于甘肃、河南、山东、江苏、安徽、浙江、江西、湖南、湖北、贵州、云南、福建、广东。生于山坡灌丛中，海拔800~1 200 m。

经济用途

根、果供药用，有除湿热、止吐泻作用。

045 椤木石楠

| 学名 | *Photinia davidsoniae* | 科名 | 蔷薇科 | 属名 | 石楠属 |

形态特征

常绿乔木，高6~15 m；幼枝黄红色，后成紫褐色，有稀疏平贴柔毛。叶片革质，长圆形、倒披针形，或稀为椭圆形，先端急尖或渐尖，有短尖头。花多数，密集成顶生复伞房花序，花瓣圆形，白色。果实球形或卵形，直径7~10 mm，黄红色，无毛；种子2~4个，卵形，长4~5 mm，褐色。花期5月，果期9~10月。

分布与生境

产于陕西、江苏、安徽、浙江、江西、湖南、湖北、四川、云南、福建、广东、广西。生于灌丛中，海拔600~1 000 m。

经济用途

本种常见栽培于庭园及墓地附近，冬季叶片常绿并缀有黄红色果实，颇为美观。木材可作农具。

046 杜梨

| 学名 | *Pyrus betulifolia* | 科名 | 蔷薇科 | 属名 | 梨属 |

形态特征

乔木，高达10 m，树冠开展，枝常具刺；小枝嫩时密被灰白色绒毛。叶片菱状卵形至长圆卵形，先端渐尖。伞形总状花序，有花10~15朵，花瓣宽卵形，白色。果实近球形，直径5~10 mm，褐色，有淡色斑点，萼片脱落，基部具带绒毛果

梗。花期4月，果期8~9月。

分布与生境

产于辽宁、河北、河南、山东、山西、陕西、甘肃、湖北、江苏、安徽、江西。生于平原或山坡阳处，海拔50~1 800 m。

经济用途

本种抗干旱，耐寒凉，通常作各种栽培梨的砧木，结果期早，寿命很长。木材致密可作各种器物。树皮含鞣质，可提制栲胶并入药。

047 湖北海棠

| 学名 | Malus hupehensis | 科名 | 蔷薇科 | 属名 | 苹果属 |

形态特征

乔木，高达8 m；小枝最初有短柔毛，不久脱落，老枝紫色至紫褐色，叶片卵形至卵状椭圆形，先端渐尖。伞房花序，具花4~6朵，花瓣倒卵形，粉色。果实椭圆形或近球形，直径约1 cm，黄绿色，稍带红晕，萼片脱落；果梗长2~4 cm。花期4~5月，果期8~9月。

分布与生境

产于湖北、湖南、江西、江苏、浙江、安徽、福建、广东、甘肃、陕西、河南、山西、山东、四川、云南、贵州。生于山坡或山谷丛林中，海拔50~2 900 m。

经济用途

四川、湖北等地用分根萌蘖作为苹果砧木，容易繁殖，嫁接成活率高。嫩叶晒干作茶叶代用品，味微苦涩，俗名花红茶。春季满树缀以粉白色花朵，秋季结实累累，甚为美丽，可作观赏树种。

048 茅莓

| 学名 | *Rubus parvifolius* | 科名 | 蔷薇科 | 属名 | 悬钩子属 |

形态特征

灌木，高1~2 m；枝呈弓形弯曲，被柔毛和稀疏钩状皮刺；小叶3枚，在新枝上偶有5枚，菱状圆形或倒卵形，顶端圆钝或急尖。伞房花序顶生或腋生，稀顶生花序成短总状，花瓣卵圆形或长圆形，粉红至紫红色。果实卵球形，直径1~1.5 cm，红色，无毛或具稀疏柔毛；核有浅皱纹。花期5~6月，果期7~8月。

分布与生境

产于黑龙江、吉林、辽宁、河北、河南、山西、陕西、甘肃、湖北、湖南、江西、安徽、山东、江苏、浙江、福建、台湾、广东、广西、四川、贵州。生于山坡杂木林下、向阳山谷、路旁或荒野，海拔400~2 600 m。

经济用途

果实酸甜多汁，可供食用、酿酒及制醋等；根和叶含单宁，可提取栲胶；全株入药，有止痛、活血、祛风湿及解毒之效。

 **高梁泡**

| 学名 | *Rubus lambertianus* | 科名 | 蔷薇科 | 属名 | 悬钩子属 |

形态特征

半落叶藤状灌木，高达3 m；枝幼时有细柔毛或近无毛，有微弯小皮刺。单叶宽卵形，稀长圆状卵形，顶端渐尖。圆锥花序顶生，生于枝上部叶腋内的花序常近总状，有时仅数朵花簇生于叶腋，花瓣倒卵形，白色。果实小，近球形，直径6~8 mm，由多数小核果组成，无毛，熟时红色；核较小，长约2 mm，有明显皱纹。花期7~8月，果期9~11月。

分布与生境

产于河南、湖北、湖南、安徽、江西、江苏、浙江、福建、台湾、广东、广西、云南。生于低海拔山坡、山谷或路旁灌木丛中阴湿处或林缘及草坪。

经济用途

果熟后食用及酿酒；根叶供药用，有清热散瘀、止血之效；种子药用，也可榨油作发油用。

050 蓬蘽

| 学名 | *Rubus hirsutus* | 科名 | 蔷薇科 | 属名 | 悬钩子属 |

形态特征

灌木，高1~2 m；枝红褐色或褐色，被柔毛和腺毛，疏生皮刺。小叶3~5枚，卵形或宽卵形，顶端急尖，顶生小叶，顶端常渐尖。花常单生于侧枝顶端，也有腋生，花瓣倒卵形或近圆形，白色。果实近球形，直径1~2 cm，无毛。花期4月，果期5~6月。

分布与生境

产于河南、江西、安徽、江苏、浙江、福建、台湾、广东。生于山坡路旁阴湿处或灌丛中，海拔达1 500 m。

经济用途

全株及根入药，能消炎解毒、清热镇惊、活血及祛风湿。

051 山莓

| 学名 | *Rubus corchorifolius* | 科名 | 蔷薇科 | 属名 | 悬钩子属 |

形态特征

直立灌木，高1~3 m；枝具皮刺，幼时被柔毛。单叶，卵形至卵状披针形，顶端渐尖。花单生或少数生于短枝上，花瓣长圆形或椭圆形，白色。果实由很多小核果组成，近球形或卵球形，直径1~1.2 cm，红色，密被细柔毛；核具皱纹。花期2~3月，果期4~6月。

分布与生境

除东北、甘肃、青海、新疆、西藏外，全国均有分布。普遍生于向阳山坡、溪边、山谷、荒地和疏密灌丛中潮湿处，海拔200~2 200 m。

经济用途

果味甜美，含糖、苹果酸、柠檬酸及维生素C等，可供生食、制果酱及酿酒。果、根及叶入药，有活血、解毒、止血之效；根皮、茎皮、叶可提取栲胶。

052 插田泡

| 学名 | Rubus coreanus | 科名 | 蔷薇科 | 属名 | 悬钩子属 |

形态特征

灌木，高1~3 m；枝粗壮，红褐色，被白粉，具近直立或钩状扁平皮刺。小叶通常5枚，稀3枚，卵形、菱状卵形或宽卵形，顶端急尖。伞房花序生于侧枝顶端，具花数朵至30几朵，花瓣倒卵形，淡红色至深红色。果实近球形，直径5~8 mm，深红色至紫黑色，无毛或近无毛；核具皱纹。花期4~6月，果期6~8月。

分布与生境

产于陕西、甘肃、河南、江西、湖北、湖南、江苏、浙江、福建、安徽、四川、贵州、新疆。生于海拔100~1 700 m的山坡灌丛或山谷、河边、路旁。

经济用途

果实味酸甜可生食、熬糖及酿酒，又可入药，为强壮剂；根有止血、止痛之效；叶能明目。

053 木莓

| 学名 | Rubus swinhoei | 科名 | 蔷薇科 | 属名 | 悬钩子属 |

形态特征

落叶或半常绿灌木，高1~4 m；茎细而圆，暗紫褐色，幼时具灰白色短绒毛，老时脱落，疏生微弯小皮刺。单叶，叶形变化较大，自宽卵形至长圆披针形，顶端渐尖。花常5~6朵，成总状花序；花瓣白色，宽卵形或近圆形，有细短柔毛。果实球形，直径1~1.5 cm，由多数小核果组成，无毛，成熟时由红色转变为黑紫色，味酸涩；核具明显皱纹。花期5~6月，果期7~8月。

分布与生境

产于陕西、湖北、湖南、江西、安徽、江苏、浙江、福建、台湾、广东、广西、贵州、四川。生于山坡疏林或灌丛中，或生于溪谷及杂木林下，海拔300~1 500 m。

经济用途

果可食，根皮可提取栲胶。

054 盾叶莓

| 学名 | Rubus peltatus | 科名 | 蔷薇科 | 属名 | 悬钩子属 |

形态特征

直立或攀缘灌木，高1~2 m；枝红褐色或棕褐色，无毛，疏生皮刺，小枝常有白粉。叶片盾状，卵状圆形，边缘具3~5个掌状分裂，裂片三角状卵形，顶端急尖或短渐尖，有不整齐细锯齿。单花顶生，白色。果实圆柱形或圆筒形，橘红色，密被柔毛；核具皱纹。花期4~5月，果期6~7月。

分布与生境

产于江西、湖北、安徽、浙江、四川、贵州。生于山坡、山脚、山沟林下、林缘或较阴湿处，海拔300~1 500 m。

经济用途

果可食用及药用，治腰腿酸疼；根皮可提制栲胶。

055 掌叶覆盆子

| 学名 | *Rubus chingii* | 科名 | 蔷薇科 | 属名 | 悬钩子属 |

形态特征

藤状灌木，高1.5~3 m；枝细，具皮刺，无毛。单叶，近圆形，两面仅沿叶脉有柔毛或几无毛，基部心形，边缘掌状，深裂，稀3或7裂，裂片椭圆形或菱状卵形，顶端渐尖。单花腋生，白色。果实近球形，红色，直径1.5~2 cm，密被灰白色柔毛；核有皱纹。花期3~4月，果期5~6月。

分布与生境

产于江苏、安徽、浙江、江西、福建、广西。生于低海拔至中海拔地区，在山坡、路边阳处或阴处灌木丛中常见。

经济用途

果大，味甜，可食、制糖及酿酒；又可入药，为强壮剂；根能止咳、活血、消肿。

056 小果蔷薇

| 学名 | Rosa cymosa Tratt. | 科名 | 蔷薇科 | 属名 | 蔷薇属 |

形态特征

攀缘灌木，高2~5 m；小枝圆柱形，无毛或稍有柔毛，有钩状皮刺。小叶3~5枚，叶片卵状披针形或椭圆形；花多朵，成复伞房花序，花瓣白色，倒卵形；果球形，红色至黑褐色，萼片脱落。花期5~6月，果期7~11月。

分布与生境

分布于江西、江苏、浙江、安徽、湖南、四川、云南、贵州、福建、广东、广西、台湾等省区。多生于向阳山坡、路旁、溪边或丘陵地，海拔250~1 300 m。

经济用途

嫩枝叶粗蛋白质、粗脂肪含量较高，氨基酸总量也较高，特别是必需氨基酸的含量较高，具饲用价值。是固土保水、绿化美化、蜜源树种，花可提取芳香油。根入药，治小儿夜尿，有祛风除湿、止咳化痰、解毒消肿之效。

057 木香

| 学名 | Rosa banksiae | 科名 | 蔷薇科 | 属名 | 蔷薇属 |

形态特征

半常绿攀缘灌木。树皮红褐色，薄条状脱落。小枝绿色，近无皮刺。奇数羽状复叶，小叶3~5枚，椭圆状卵形，缘有细锯齿。伞形花序，花白或黄色，单瓣或重瓣，具浓香。

花期5~6月。

分布与生境

产于我国西南部，喜阳光，较耐寒，畏水湿，忌积水，要求肥沃、排水良好的砂质壤土。

经济用途

晚春至初夏开放，园林中广泛用于花架、格墙、篱垣和崖壁的垂直绿化。根入药。

058 山刺玫

| 学名 | Rosa davurica | 科名 | 蔷薇科 | 属名 | 蔷薇属 |

形态特征

直立灌木，高约1.5 m；分枝较多，小枝圆柱形，无毛，紫褐色或灰褐色，带黄色皮刺，皮刺基部膨大，稍弯曲，常成对而生于小枝或叶柄基部。小叶7~9枚，长圆形或阔披针形。花单生于叶腋，或2~3朵簇生，花瓣粉红色，倒卵形。果近球形或卵球形，直径1~1.5 cm，红色，光滑，萼片宿存，直立。花期6~7月，果期8~9月。

分布与生境

产于黑龙江、吉林、辽宁、内蒙古、河北、山西等省区。多生于山坡阳处或杂木林边、丘陵草地，海拔430~2 500 m。

经济用途

果含多种维生素、果胶、糖分及鞣质等，入药健脾胃，助消化。根主要含儿茶类鞣质，有止咳祛痰、止痢、止血之功效。

059 刺梨

| 学名 | Rosa roxburghii | 科名 | 蔷薇科 | 属名 | 蔷薇属 |

形态特征

又名缫丝花，灌木，高1~2.5 m；树皮灰褐色，成片状剥落；小枝圆柱形，斜向上升，有基部稍扁而成对皮刺。小叶9~15枚，椭圆形或长圆形，稀倒卵形。花单生或2~3朵，生于短枝顶端，花瓣重瓣至半重瓣，淡红色或粉红色，微香。果扁球形，直径3~4 cm，绿红色，外面密生针刺；萼片宿存，直立。花期5~7月，果期8~10月。

分布与生境

产于陕西、甘肃、江西、安徽、浙江、福建、湖南、湖北、四川、云南、贵州、西藏等省区。

经济用途

果实味甜酸，含大量维生素，可供食用及药用，还可作为熬糖、酿酒的原料，根煮水治痢疾。花朵美丽，栽培供观赏用。枝干多刺可作为绿篱。

060 金樱子

| 学名 | Rosa laevigata | 科名 | 蔷薇科 | 属名 | 蔷薇属 |

形态特征

常绿攀缘灌木，高可达5 m；小枝粗壮，散生扁弯皮刺。小叶革质，通常3枚，稀5枚，小叶片椭圆状卵形、倒卵形或披针状卵形。花单生于叶腋，花梗和萼筒密被腺毛，随果实成长变为针刺；花瓣白色，宽倒卵形，先端微凹。果梨形、倒卵形，稀近球形，紫褐色，外面密被刺毛，果梗长约3 cm，萼片宿存。花期4~6月，果期7~11月。

分布与生境

产于陕西、安徽、江西、江苏、浙江、湖北、湖南、广东、广西、台湾、福建、四川、云南、贵州等省区。喜生于向阳的山野、田边、溪畔灌木丛中，海拔200~1 600 m。

经济用途

根皮含鞣质可制烤胶，果实可熬糖及酿酒。根、叶、果均入药，根有活血散瘀、祛风除湿、解毒收敛及杀虫等功效；叶外用治疮疖、烧烫伤；果能止腹泻并对流感病毒有抑制作用。

061 棣棠花

| 学名 | Kerria japonica | 科名 | 蔷薇科 | 属名 | 棣棠花属 |

形态特征

落叶灌木，高1~2 m，稀达3 m；小枝绿色，圆柱形，无毛，常拱垂，嫩枝有棱角。叶互生，三角状卵形或卵圆形，顶端长渐尖。单花，着生在当年生侧枝顶端，花梗无毛；萼片卵状椭圆形，顶端急尖，边缘有极细齿；花瓣黄色，宽椭圆形，顶端下凹。瘦果倒卵形至半球形，褐色或黑褐色，表面无毛，有皱褶。花期4~6月，果期6~8月。

分布与生境

产于甘肃、陕西、山东、河南、湖北、江苏、安徽、浙江、福建、江西、湖南、四川、贵州、云南。生于山坡灌丛中，海拔200~3 000 m。

经济用途

茎髓作为通草代用品入药，有催乳、利尿之效。

062 鸡麻

| 学名 | Rhodotypos scandens | 科名 | 蔷薇科 | 属名 | 鸡麻属 |

形态特征

落叶灌木，高0.5~2 m，稀达3 m。小枝紫褐色，嫩枝绿色，光滑。叶对生，卵形，顶端渐尖。单花顶生于新梢上，花瓣白色，倒卵形，比萼片长1/4~1/3。核果1~4个，黑色或褐色，斜椭圆形，长约8 mm，光滑。花期4~5月，果期6~9月。

分布与生境

产于辽宁、陕西、甘肃、山东、河南、江苏、安徽、浙江、湖北。生于山坡疏林中及山谷林下阴处，海拔100~800 m。

经济用途

我国南北各地栽培供庭园绿化用；根和果入药，治血虚肾亏。

063 桃

| 学名 | *Prunus persica* | 科名 | 蔷薇科 | 属名 | 桃属 |

形态特征

落叶乔木，最高可达10 m；树皮光滑，暗紫红色；枝纤细，上展，紫红色，幼时无毛。叶片狭卵状披针形或椭圆状披针形。花单生，先于叶开放；花梗极短，无毛；花瓣倒卵形或近圆形，淡粉红色或白色。果实球形，先端圆钝或微尖，稍黄色，密被短柔毛；果肉薄，干燥，离核性；果核小，具沟纹。花期3~4月，果期8月。

分布与生境

产于山东、河北、河南、山西、陕西、甘肃、四川、云南等地。生于山坡、山谷沟底或荒野疏林及灌丛内，海拔800~3 200 m。

经济用途

本种抗旱耐寒，又耐盐碱土壤，在华北地区主要作梅、李等果树的砧木，也可供观赏。木材质硬而重，可作各种细工及手杖。果核可做玩具或念珠。种仁可榨油供食用。

064 野李

学名 *Prunus salicina*　　**科名** 蔷薇科　　**属名** 李属

形态特征

又名山李子，落叶乔木，高9~12 m；老枝紫褐色或红褐色，无毛；小枝黄红色，无毛；叶片长圆倒卵形、长椭圆形，稀长圆卵形。花通常3朵并生，花直径1.5~2.2 cm；花瓣白色，长圆倒卵形。核果球形、卵球形或近圆锥形，梗凹陷入，顶端微尖，基部有纵沟，外被蜡粉；核卵圆形或长圆形，有皱纹。花期4月，果期7~8月。

分布与生境

产于陕西、甘肃、四川、云南、贵州、湖南、湖北、江苏、浙江、江西、福建、广东、广西和台湾。生于山坡灌丛中、山谷疏林中或水边、沟底、路旁等处。海拔400~2 600 m。我国各省及世界各地均有栽培，为重要温带果树之一。

065 麦李

| 学名 | *Cerasus glandulosa* | 科名 | 蔷薇科 | 属名 | 樱属 |

形态特征

灌木，高0.5~1.5 m，稀达2 m。小枝灰棕色或棕褐色，无毛或嫩枝被短柔毛，叶片长圆披针形或椭圆披针形，先端渐尖。花单生或2朵簇生，花叶同开或近同开，花瓣白色或粉红色。核果红色或紫红色，近球形，直径1~1.3 cm。花期3~4月，果期5~8月。

分布与生境

产于陕西、河南、山东、江苏、安徽、浙江、福建、广东、广西、湖南、湖北、四川、贵州、云南。生于山坡、沟边或灌丛中，也有庭园栽培，海拔800~2 300 m。

066 尾叶樱

| 学名 | *Cerasus dielsiana* | 科名 | 蔷薇科 | 属名 | 樱属 |

形态特征

乔木或灌木，高5~10 m。小枝灰褐色，无毛，嫩枝无毛或密被褐色长柔毛，叶片长椭圆形或倒卵状长椭圆形，先端尾状渐尖。花序伞形或近伞形，有花3~6朵，先叶开放或近先叶开放，花瓣白色或粉红色，卵圆形。核果红色，近球形，直径8~9 mm；核卵形，表面较光滑。花期3~4月。

分布与生境

产于江西、安徽、湖北、湖南、四川、广东、广西。生于山谷、溪边、林中，海拔500~900 m。

067 细叶青冈

| 学名 | Cyclobalanopsis glauca | 科名 | 壳斗科 | 属名 | 青冈属 |

形态特征

常绿乔木，高达10 m。树皮暗灰褐色，不裂。小枝褐色，无毛。叶披针形至长圆状披针形。壳斗浅碗状，鳞片结合成数个同心环状轮层；坚果卵状长圆形，顶端略有毛，基部1/3包于壳斗中。花期4月，果熟期10月。

分布与生境

分布于长江流域及其以南各省，产于河南伏牛山南部、大别山和桐柏山区，生于山谷杂木林中。

经济用途

种子含淀粉供酿酒，壳斗与树皮可提制栲胶，材质坚硬，可供建筑、车辆用等。

068 麻栎

| 学名 | Quercus acutissima | 科名 | 壳斗科 | 属名 | 栎属 |

形态特征

落叶乔木，高达30 m，胸径达1 m，树皮深灰褐色，深纵裂。幼枝被灰黄色柔毛，后渐脱落，老时灰黄色，具淡黄色皮孔；叶片形态多样，通常为长椭圆状披针形，顶端长渐尖。雄花序常数个集生于当年生枝下部叶腋，壳斗杯形，包着坚果约1/2，小苞片钻形或扁条形，向外反曲，被灰白色绒毛。坚果卵形或椭圆形，顶端圆形，果脐突起。花期3~4月，果期翌年9~10月。

分布与生境

分布广泛，生于山地阳坡，成小片纯林或混交林，在辽宁生于土层肥厚的低山缓坡，在河北、山东常生于海拔1 000 m以下阳坡，在西南地区分布至海拔2 200 m。

经济用途

木材为环孔材，边材淡红褐色，心材红褐色，气干密度0.8 g/cm^3，材质坚硬，纹理直或斜，耐腐朽，气干易翘裂；可作枕木、坑木、桥梁、地板等用材；叶含蛋白质13.58%，可饲柞蚕；种子含淀粉56.4%，可作饲料和工业用淀粉；壳斗、树皮可提取栲胶。

069 栓皮栎

| 学名 | *Quercus variabilis* | 科名 | 壳斗科 | 属名 | 栎属 |

形态特征

落叶乔木，高达30 m，胸径达1 m以上，树皮黑褐色，深纵裂，木栓层发达。小枝灰棕色，无毛；叶片卵状披针形或长椭圆形，顶端渐尖。雄花序长达14 cm，花序轴密被褐色绒毛，花被4~6裂，雄蕊10枚或较多；雌花序生于新枝上端叶腋，壳斗杯形，包着坚果2/3，小苞片钻形，反曲，被短毛。坚果近球形或宽卵形，直径约1.5 cm，顶端圆，果脐突起。花期3~4月，果期翌年9~10月。

分布与生境

分布广泛，华北地区通常生于海拔800 m以下的阳坡，西南地区可达海拔2 000~3 000 m。

经济用途

木材为环孔材，边材淡黄色，心材淡红色，气干密度0.87 g/cm³；树皮木栓层发达，是我国生产软木的主要原料；树皮含蛋白质10.56%；栎实含淀粉59.3%，含单宁5.1%；壳斗、树皮富含单宁，可提取栲胶。

070 银缕梅

| 学名 | Hamamelis subaequalis | 科名 | 金缕梅科 | 属名 | 金缕梅属 |

形态特征

落叶小乔木，嫩枝初时有星状柔毛，以后变秃净，干后暗褐色，无皮孔。叶薄革质，倒卵形，中部以上最宽，先端钝，基部圆形、截形或微心形，两侧几对称；上面绿色，除中肋及侧脉略有星毛外，其余部分秃净无毛；下面浅褐色，有星状柔毛。头状花序生于当年枝的叶腋内，子房近于上位，基部与萼筒合生；有星毛；花柱长2 mm，先端尖，花后稍伸长。蒴果近圆形，长8~9 mm，先端有短的宿存花柱，干后2片裂，每片2浅裂，萼筒长不过2.5 mm，边缘与果皮稍分离。种子纺锤形，长6~7 mm，两端尖，褐色有光泽，种脐浅黄色。5月开花。

分布与生境

国家一级保护植物，分布于江苏宜兴铜官山、安徽及江西庐山。河南省首次发现是2013年在商城县。

071 羽叶泡花树

| 学名 | Meliosma pinnata | 科名 | 清风藤科 | 属名 | 泡花树属 |

形态特征

乔木，高可达15 m，树皮灰色或灰褐色。叶为羽状复叶，叶轴圆柱形；小叶纸质或近革质，11~25片，下部叶披针形，中部披针形或狭长圆形，顶端1片近倒披针形，先端尾状渐尖。圆锥花序直立，被细柔毛，中轴细长而坚硬，具三棱，分枝宽广，稀疏。核果球形或倒卵形，直径4~5 mm；核近球形，具稀疏凸起细网纹，中肋从腹一边锐凸起延至另一边，腹部稍凹陷。花期5~6月，果期9~10月。

分布与生境

产于我国西藏南部。生于海拔1 000~1 500 m的常绿阔叶林中。

072 槲栎

| 学名 | Quercus aliena | 科名 | 壳斗科 | 属名 | 栎属 |

形态特征

　　落叶乔木，高达30 m；树皮暗灰色，深纵裂。小枝灰褐色，近无毛，具圆形淡褐色皮孔。叶片长椭圆状倒卵形至倒卵形，顶端微钝或短渐尖。雄花单生或数朵簇生于花序轴，微有毛，雌花序生于新枝叶腋，单生或2~3朵簇生。壳斗杯形，包着坚果约1/2，小苞片卵状披针形，长约2 mm，排列紧密，被灰白色短柔毛。坚果椭圆形至卵形，果脐微突起。花期3~5月，果期9~10月。

分布与生境

　　产于陕西、山东、江苏、安徽、浙江、江西、河南、湖北、湖南、广东、广西、四川、贵州、云南。生于海拔100~2 000 m的向阳山坡，常与其他树种组成混交林或成小片纯林。

经济用途

　　木材坚硬，耐腐，纹理致密，作建筑、家具及薪炭等用材；种子富含淀粉，壳斗、树皮富含单宁。

073 短柄枹栎

| 学名 | Quercus glandulifera Bl. | 科名 | 壳斗科 | 属名 | 栎属 |

形态特征

落叶乔木，高达15~20 m，树皮暗灰褐色，不规则深纵裂。幼枝有黄色绒毛，后变无毛。单叶互生，叶集生在小枝顶端，叶片较短窄；叶柄较短或近无柄，长2~5 mm。叶片长椭圆状披针形或披针形，叶边缘具粗锯齿，齿端微内弯，叶片下面灰白色，被平伏毛。花期4~5月，果实次年10月成熟。

分布与生境

产于辽宁南部、山西南部、陕西、甘肃、山东、江苏、安徽、河南、湖北、湖南、广东、广西、四川、贵州、云南等省区。生于海拔200~2 000 m的山地或沟谷林中。

经济用途

木材坚硬，作建筑、车辆等用材；种子富含淀粉，供酿酒和作饮料；树皮可提取栲胶，叶可饲养柞蚕。

074 巴东栎

| 学名 | Quercus engleriana | 科名 | 壳斗科 | 属名 | 栎属 |

形态特征

常绿乔木，高达25 m，胸径达80 cm，树皮灰褐色，条状开裂。小枝幼时被灰黄色绒毛，后渐脱落。叶片椭圆形、卵形、卵状披针形，顶端渐尖。雄花序生于新枝基部，花序轴被绒毛；雌花序生于新枝上端叶腋。壳斗碗形，包着坚果1/3~1/2，小苞片卵状披针形，中下部被灰褐色柔毛，顶端紫红色，无毛。坚果长卵形，果脐突起，直径3~5 mm。花期4~5月，果期11月。

分布与生境

产于陕西、江西、福建、河南、湖北、湖南、广西、四川、贵州、云南、西藏等省区。生于海拔700~2 700 m的山坡、山谷疏林中。

经济用途

木材坚重，气干密度0.722 g/cm³，供作桩木、农具、木滑轮等用材；树皮及壳斗可制栲胶。

075 巴山水青冈

| 学名 | Faguspashanica C.C.Yang | 科名 | 壳斗科 | 属名 | 水青冈属 |

形态特征

落叶乔木，高达20 m；胸径60 cm，冬芽长达15 mm；当年生枝暗红褐色，老枝灰白色，皮孔狭长圆形，新生嫩叶两面的叶脉有丝光质疏长毛，结果期变为无毛或仅叶背中脉两侧有稀疏长伏毛。花期4~5月，果8~10月成熟。

分布与生境

分布于四川、湖北等。生于海拔1 800 m以上的野生林中。

经济用途

树姿优美，秋叶艳丽，极具观赏价值。

076 胡桃楸

| 学名 | *Juglans mandshurica* | 科名 | 胡桃科 | 属名 | 胡桃属 |

形态特征

乔木，高达20余 m；枝条扩展，树冠扁圆形；树皮灰色，具浅纵裂；幼枝被有短茸毛。奇数羽状复叶，小叶15~23枚，叶柄长，基部膨大，叶柄及叶轴被有短柔毛或星芒状毛；小叶椭圆形至长椭圆形或卵状椭圆形至长椭圆状披针形，边缘具细锯齿。葇荑花序。果序俯垂，通常具5~7个果实。果实球状、卵状或椭圆状，顶端尖，密被腺质短柔毛，果核长2.5~5cm，表面具8条纵棱，其中2条较显著，各棱间具不规则皱曲及凹穴，顶端具尖头。花期5月，果期8~9月。

分布与生境

产于黑龙江、吉林、辽宁、河北、山西。分布于朝鲜北部。多生于土质肥厚、湿润、排水良好的沟谷两旁或山坡的阔叶林中。

经济用途

种子油供食用，种仁可食；木材反张力小，不挠不裂，可作枪托、车轮、建筑等重要材料。树皮、叶及外果皮含鞣质，可提取栲胶；树皮纤维可作造纸等原料；枝、叶、皮可作农药。

077 | 枫杨

| 学名 | *Pterocarya stenoptera* | 科名 | 胡桃科 | 属名 | 枫杨属 |

形态特征

　　大乔木，高达30 m，胸径达1 m；幼树树皮平滑，浅灰色，老时则具深纵裂；小枝灰色至暗褐色，具灰黄色皮孔；叶多为偶数或稀奇数羽状复叶，小叶10~16枚，无小叶柄，对生或稀近对生，长椭圆形至长椭圆状披针形。雄性菜荑花序单独生于去年生枝条上叶痕腋内；雌性菜荑花序顶生。果实长椭圆形，长6~7 mm，基部常有宿存的星芒状毛；果翅狭，条形或阔条形，具近于平行的脉。花期4~5月，果熟期8~9月。

分布与生境

　　产于我国陕西、河南、山东、安徽、江苏、浙江、江西、福建、台湾、广东、广西、湖南、湖北、四川、贵州、云南，华北和东北仅有栽培。生于海拔1 500 m以下的沿溪涧河滩、阴湿山坡地的林中，现已广泛栽植作庭园树或行道树。

经济用途

　　树皮和枝皮含鞣质，可提取栲胶，亦可作纤维原料；果实可作饲料和酿酒，种子还可榨油。

078 青钱柳

| 学名 | Cyclocarya paliurus | 科名 | 胡桃科 | 属名 | 青钱柳属 |

形态特征

　　乔木，高达10~30 m；树皮灰色；枝条黑褐色，具灰黄色皮孔；奇数羽状复叶，具7~9（稀5或11）枚小叶；叶轴密被短毛或有时脱落而近于无毛；小叶纸质；侧生小叶近于对生或互生，长椭圆状卵形至阔披针形，基部歪斜，阔楔形至近圆形。雄性荑黄花序长7~18 cm，3条或稀2~4条成一束生于长3~5 mm的总梗上；雌性荑黄花序单独顶生，花序轴常密被短柔毛，老时毛常脱落而成无毛。果序轴长25~30 cm，无毛或被柔毛。果实扁球形，径约7 mm，果梗长1~3 mm，密被短柔毛，果实中部围有水平方向的径达2.5~6 cm的革质圆盘状翅，果实及果翅全部被有腺体，在基部及宿存的花柱上则被稀疏的短柔毛。花期4~5月，果期7~9月。

分布与生境

　　产于安徽、江苏、浙江、江西、福建、台湾、湖北、湖南、四川、贵州、广西、广东和云南东南部。常生长在海拔500~2 500 m的山地湿润的森林中。

经济用途

　　树皮含鞣质，可提制栲胶，亦可作纤维原料；木材细致，可作家具及工业用材。青钱柳茶是我国名贵滋补保健药材，具有降糖、降脂、降压、提高免疫力等诸多功效。

079 化香树

| 学名 | *Platycarya strobilacea* | 科名 | 胡桃科 | 属名 | 化香树属 |

形态特征

落叶小乔木，高2~6 m；树皮灰色，老时则具不规则纵裂。复叶具7~23枚小叶；小叶纸质，侧生小叶无叶柄，对生或生于下端者偶有互生，卵状披针形至长椭圆状披针形。两性花序和雄花序在小枝顶端排列成伞房状花序束，直立。果序球果状，卵状椭圆形至长椭圆状圆柱形。果实小坚果状，背腹压扁状，两侧具狭翅。种子卵形，种皮黄褐色，膜质。5~6月开花，7~8月果成熟。

分布与生境

产于我国甘肃、陕西和河南的南部及山东、安徽、江苏、浙江、江西、福建、台湾、广东、广西、湖南、湖北、四川、贵州和云南。常生长在海拔600~1 300 m、有时达2 200 m的向阳山坡及杂木林中，也有栽培。

经济用途

树皮、根皮、叶和果序均含鞣质，作为提制栲胶的原料，树皮亦能剥取纤维；叶可作农药，根部及老木含有芳香油，种子可榨油。

080 春榆

| 学名 | *Ulmus davidiana* | 科名 | 榆科 | 属名 | 榆属 |

形态特征

落叶乔木或灌木，高达15 m，胸径30 cm；树皮颜色较深，纵裂成不规则条状，幼枝被或密或疏的柔毛，当年生枝无毛或多少被毛，小枝有时具向四周膨大而不规则纵裂的木栓层；叶倒卵形或倒卵状椭圆形，稀卵形或椭圆形，先端尾状渐尖或渐尖，基部歪斜，一边楔形或圆形，一边近圆形至耳状。翅果倒卵形或近倒卵形。花果期4~5月。

分布与生境

分布于黑龙江、吉林、辽宁、内蒙古、河北、山东、浙江、山西、安徽、河南、湖北、陕西、甘肃及青海等省区。生于河岸、溪旁、沟谷、山麓及排水良好的冲积地和山坡。

经济用途

边材暗黄色，心材暗紫灰褐色，木材纹理直或斜行，结构粗，重量和硬度适中，有香味，力学强度较高，弯挠性较好，有美丽的花纹。可作家具、器具、室内装修、车辆、造船、地板等用材；枝皮可代麻制绳，枝条可编筐。可选作造林树种。

081 榔榆

| 学名 | Ulmus parvifolia | 科名 | 榆科 | 属名 | 榆属 |

形态特征

落叶乔木，或冬季叶变为黄色或红色宿存至第二年新叶开放后脱落，高达25 m，胸径可达1 m；树冠广圆形，树干基部有时成板状根，树皮灰色或灰褐色，裂成不规则鳞状薄片剥落，露出红褐色内皮，近平滑，微凹凸不平；叶质地厚，披针状卵形或窄椭圆形，稀卵形或倒卵形。花秋季开放，3~6朵在叶腋簇生或排成簇状聚伞花序。翅果椭圆形或卵状椭圆形，果翅稍厚，果核部分位于翅果的中上部。花果期8~10月。

分布与生境

分布于河北、山东、江苏、安徽、浙江、福建、台湾、江西、广东、广西、湖南、湖北、贵州、四川、陕西、河南等省区。生于平原、丘陵、山坡及谷地。喜光，耐干旱，在酸性、中性及碱性土上均能生长，但以气候温暖、土壤肥沃、排水良好的中性土壤为最适宜的生境。

经济用途

边材淡褐色或黄色，心材灰褐色或黄褐色，材质坚韧，纹理直，耐水湿，可作家具、车辆、造船、器具、农具、榨油、船橹等用材。树皮纤维纯细，杂质少，可作蜡纸及人造棉原料，或织麻袋、编绳索，亦供药用。可选作造林树种。

082 榉树

| 学名 | *Zelkova schneideriana* | 科名 | 榆科 | 属名 | 榉属 |

形态特征

乔木，高达35 m，胸径达80 cm；树皮灰褐色至深灰色，呈不规则的片状剥落；当年生枝灰绿色或灰褐色，密生伸展的灰色柔毛；叶厚纸质，大小形状变异很大，卵形至椭圆状披针形，先端渐尖、尾状渐尖或锐尖。雄花1~3朵簇生于叶腋，雌花或两性花常单生于小枝上部叶腋。花期4月，果期9~11月。

分布与生境

产于陕西南部、甘肃南部、江苏、安徽、浙江、江西、福建、河南南部、湖北、湖南、广东、广西、四川东南部、贵州、云南和西藏东南部。常生于溪间水旁或山坡土层较厚的疏林中，海拔200~1 100 m，在云南和西藏可达1 800~2 800 m。

经济用途

木材致密坚硬，纹理美观，不易伸缩与反挠，耐腐力强，其老树材常带红色，故有"血榉"之称，为供造船、桥梁、车辆、家具、器械等用的上等木材；树皮含纤维46%，可作人造棉、绳索和造纸原料。

083 青檀

| 学名 | *Pteroceltis tatarinowii* | 科名 | 榆科 | 属名 | 青檀属 |

形态特征

乔木，树皮灰色或深灰色，不规则的长片状剥落；小枝黄绿色，疏被短柔毛，后渐脱落，皮孔明显，椭圆形或近圆形；叶纸质，宽卵形至长卵形，先端渐尖至尾状渐尖。翅果状坚果近圆形或近四方形，黄绿色或黄褐色，翅宽，稍带木质，果梗纤细，长1~2 cm，被短柔毛。花期3~5月，果期8~10月。

分布与生境

产于辽宁（大连蛇岛）、河北、山西、陕西、甘肃南部、青海东南部、山东、江苏、安徽、浙江、江西、福建、河南、湖北、湖南、广东、广西、四川和贵州。常生于山谷溪边石灰岩山地疏林中，海拔100~1 500 m。

经济用途

树皮纤维为制宣纸的主要原料；木材坚硬细致，可作供农具、车轴、家具和建筑用的上等木料；种子可榨油；树可供观赏。

084 糙叶树

| 学名 | Aphananthe aspera | 科名 | 榆科 | 属名 | 糙叶树属 |

形态特征

落叶乔木，高达25 m，胸径达50 cm，稀灌木状；树皮褐色或灰褐色，有灰色斑纹，纵裂，粗糙，当年生枝黄绿色，疏生细伏毛；叶纸质，卵形或卵状椭圆形，先端渐尖或长渐尖。雄聚伞花序生于新枝的下部叶腋，雄花被裂片倒卵状圆形，雌花单生于新枝的上部叶腋，花被裂片条状披针形。核果近球形、椭圆形或卵状球形，果梗长5~10 mm，疏被细伏毛。花期3~5月，果期8~10月。

分布与生境

产于山西、山东、江苏、安徽、浙江、江西、福建、台湾、湖南、湖北、广东、广西、四川东南部、贵州和云南东南部。在华东和华北地区生于海拔150~600 m，在西南和中南地区生于海拔500~1 000 m的山谷、溪边林中。

经济用途

树皮纤维供制人造棉、绳索用；木材坚硬细密，不易折裂，可供制家具、农具和建筑用；叶可作马饲料，干叶面粗糙，供铜、锡和牙角器等打磨用。

085 紫弹朴

| 学名 | Celtis biondii Pamp. | 科名 | 榆科 | 属名 | 朴属 |

形态特征

乔木，高达14 m；幼枝密生红褐色或淡黄色柔毛。叶卵形或卵状椭圆形，长3~9 cm，宽2~4 cm，顶端渐尖，基部楔形，中上部边缘有锯齿，少全缘，幼时两面疏生毛，老时无毛；叶柄长3~8 mm。核果通常2个，腋生，近球形，橙红色或带黑色；果柄长9~18 mm，长于叶柄 1 倍以上；果核有明显网纹。花期4~5月，果期8~10月。

分布与生境

分布于陕西和长江流域以南各省区。生于村边、河谷、山坡阔叶林中、丘陵阔叶林中、山谷林下、山谷疏林中、山坡、山坡路边、山坡疏林中、阳坡灌丛。

经济用途

木材供建筑及器具用，树皮纤维可作造纸及人造棉原料；果实榨油，供制肥皂和作润滑油。

086 大叶朴

| 学名 | *Celtis koraiensis* | 科名 | 榆科 | 属名 | 朴属 |

形态特征

落叶乔木，高达15 m；树皮灰色或暗灰色，浅微裂；当年生小枝老后褐色至深褐色；叶椭圆形至倒卵状椭圆形，少有倒广卵形。果单生叶腋，果梗长1.5~2.5 cm，果近球形至球状椭圆形，直径约12 mm，成熟时橙黄色至深褐色；核球状，椭圆形，直径约8 mm，有4条纵肋，表面具明显网孔状凹陷，灰褐色。花期4~5月，果期9~10月。

分布与生境

产于辽宁（沈阳以南）、河北、山东、安徽北部、山西南部、河南西部、陕西南部和甘肃东部。多生于山坡、沟谷林中，海拔100~1 500 m。

087 珊瑚朴

| 学名 | *Celtis julianae* | 科名 | 榆科 | 属名 | 朴属 |

形态特征

落叶乔木，高达30 m，树皮淡灰色至深灰色；当年生小枝、叶柄、果柄老后深褐色，密生褐黄色茸毛；叶厚纸质，宽卵形至尖卵状椭圆形，叶面粗糙至稍粗糙，叶背密生短柔毛。果单生叶腋，果梗粗壮，长1~3 cm；果椭圆形至近球形，长10~12 mm，金黄色至橙黄色；核乳白色，倒卵形至倒宽卵形，长7~9 mm。花期3~4月，果期9~10月。

分布与生境

产于四川北部和金佛山、贵州、湖南西北部、广东北部、福建、江西、浙江、安徽南部、河南西部和南部、湖北西部、陕西南部。多生于山坡或山谷林中或林缘，海拔300~1 300 m。

088 桑树

| 学名 | *Morus alba* | 科名 | 桑科 | 属名 | 桑属 |

形态特征

乔木或为灌木，高3~10 m或更高，胸径可达50 cm，树皮厚，灰色，具不规则浅纵裂；叶卵形或广卵形，先端急尖、渐尖或圆钝。花单性，腋生或生于芽鳞腋内，与叶同时生出。聚花果卵状椭圆形，长1~2.5 cm，成熟时红色或暗紫色。花期4~5月，果期5~8月。

分布与生境

本种原产于我国中部和北部，现由东北至西南各省区，西北直至新疆均有栽培。

经济用途

树皮纤维柔细，可作纺织原料、造纸原料；根皮、果实及枝条入药。叶为养蚕的主要饲料，亦作药用，并可作土农药。木材坚硬，可制家具、乐器，用于雕刻等。桑椹可以酿酒，称桑子酒。

089 构树

| 学名 | Broussonetia papyrifera | 科名 | 桑科 | 属名 | 构属 |

形态特征

乔木，高10~20 m，树皮暗灰色，小枝密生柔毛。叶螺旋状排列，广卵形至长椭圆状卵形，先端渐尖，不分裂或3~5裂，托叶大，卵形，狭渐尖。花雌雄异株，雄花序为柔荑花序，粗壮，雌花序球形头状。聚花果直径1.5~3 cm，成熟时橙红色，肉质；瘦果表面有小瘤，龙骨双层，外果皮壳质。花期4~5月，果期6~7月。

分布与生境

产于我国南北各地。

经济用途

本种韧皮纤维可作造纸材料，楮实子及根、皮可供药用。

090 小构树

| 学名 | *Broussonetia kazinoki* | 科名 | 桑科 | 属名 | 构属 |

形态特征

灌木，高2~4 m；小枝斜上，幼时被毛，成长脱落。叶卵形至斜卵形，先端渐尖至尾尖，基部近圆形或斜圆形，边缘具三角形锯齿，不裂或3裂，表面粗糙，背面近无毛；托叶小，线状披针形，渐尖。花雌雄同株，雄花序球形头状，雌花序球形。聚花果球形，直径8~10 mm；瘦果扁球形，外果皮壳质，表面具瘤体。花期4~5月，果期5~6月。

分布与生境

产于台湾及华中、华南、西南各省区。多生于中海拔以下，低山地区山坡林缘、沟边、住宅近旁。

经济用途

韧皮纤维可以造纸。

091 | 柘树

| 学名 | Cudrania tricuspidata | 科名 | 桑科 | 属名 | 柘属 |

形态特征

　　落叶灌木或小乔木，高1~7 m；树皮灰褐色，小枝无毛，略具棱，有棘刺，刺长5~20 mm；叶卵形或菱状卵形，偶为3裂，先端渐尖。雌雄异株，雌雄花序均为球形头状花序，单生或成对腋生。聚花果近球形，直径约2.5 cm，肉质，成熟时橘红色。花期5~6月，果期6~7月。

分布与生境

　　产于华北、华东、中南、西南各省区（北达陕西、河北）。生于海拔500~1 500 m，阳光充足的山地或林缘。

经济用途

　　茎皮纤维可以造纸；根皮药用；嫩叶可以养幼蚕；果可生食或酿酒；木材心部黄色，质坚硬细致，可以作家具用或作黄色染料；也为良好的绿篱树种。

092 异叶榕

| 学名 | Ficus heteromorpha | 科名 | 桑科 | 属名 | 榕属 |

形态特征

落叶灌木或小乔木，高2~5 m；树皮灰褐色；小枝红褐色，节短。叶多形，琴形、椭圆形、椭圆状披针形，先端渐尖或为尾状。榕果成对生于短枝叶腋，稀单生，无总梗，球形或圆锥状球形，光滑，直径6~10 mm，成熟时紫黑色，卵圆形，雄花和瘿花同生于一榕果中。瘦果光滑。花期4~5月，果期5~7月。

分布与生境

广泛分布于长江流域中下游及华南地区，北至陕西、湖北、河南，生于山谷、坡地及林中。

经济用途

茎皮纤维供造纸，榕果成熟可食或作果酱，叶可作猪饲料。

093 天仙果

| 学名 | *Ficus erecta* | 科名 | 桑科 | 属名 | 榕属 |

形态特征

落叶小乔木或灌木，高2~7 m；树皮灰褐色，小枝密生硬毛。叶厚纸质，倒卵状椭圆形，先端短渐尖，基部圆形至浅心形，全缘或上部偶有疏齿，表面较粗糙，疏生柔毛，背面被柔毛，托叶三角状披针形，膜质，早落。榕果单生叶腋，具总梗，球形或梨形，幼时被柔毛和短粗毛。花果期5~6月。

分布与生境

产于广东（及沿海岛屿）、广西、贵州、湖北（武汉、十堰）、湖南、江西、福建、浙江、台湾。生于山坡林下或溪边。

经济用途

茎皮纤维可供造纸。

094 薜荔

| 学名 | *Ficus pumila* | 科名 | 桑科 | 属名 | 榕属 |

形态特征

攀缘或匍匐灌木，叶两型：不结果枝节上生不定根，叶卵状心形，薄革质，基部稍不对称，尖端渐尖，叶柄很短；结果枝上无不定根，革质，卵状椭圆形，先端急尖至钝形。榕果单生叶腋，瘿花果梨形，雌花果近球形。瘦果近球形，有黏液。花果期5~8月。

分布与生境

产于福建、江西、浙江、安徽、江苏、台湾、湖南、广东、广西、贵州、云南东南部、四川及陕西。北方偶有栽培。

经济用途

瘦果水洗可作凉粉，藤叶药用。

095 珍珠莲

| 学名 | *Ficus sarmentosa* | 科名 | 桑科 | 属名 | 榕属 |

形态特征

木质攀缘匍匐藤状灌木，幼枝密被褐色长柔毛，叶革质，卵状椭圆形，长8~10 cm，宽3~4 cm，先端渐尖。榕果成对腋生，圆锥形，直径1~1.5 cm，表面密被褐色长柔毛，成长后脱落，顶生苞片直立，长约3 mm，基生苞片卵状披针形，长3~6 mm。榕果无总梗或具短梗。

分布与生境

产于台湾、浙江、江西、福建、广西（大苗山）、广东、湖南、湖北、贵州、云南、四川、陕西、甘肃。常生于阔叶林下或灌木丛中。本变种在我国分布广，各地常见。

经济用途

瘦果水洗可制作冰凉粉。

096 爬藤榕

| 学名 | Ficus martini | 科名 | 桑科 | 属名 | 榕属 |

形态特征

藤状匍匐灌木。叶革质，披针形，长4~7 cm，宽1~2 cm，先端渐尖，基部钝，背面白色至浅灰褐色，侧脉6~8对，网脉明显；叶柄长5~10 mm。榕果成对腋生或生于落叶枝叶腋，球形，直径7~10 mm，幼时被柔毛。花期4~5月，果期6~7月。

分布与生境

华东（至浙江、安徽）、华南（至广东、广西、海南）、西南（至贵州、云南）常见，北至河南、陕西、甘肃。常攀缘在岩石斜坡树上或墙壁上。印度东北部、越南也有分布。

097 苎麻

| 学名 | *Boehmeria nivea* | 科名 | 荨麻科 | 属名 | 苎麻属 |

形态特征

亚灌木或灌木，高0.5~1.5 m；茎上部与叶柄均密被开展的长硬毛及近开展和贴伏的短糙毛。叶互生；叶片革质，通常圆卵形或宽卵形，少数卵形，托叶分生，钻状披针形。圆锥花序腋生，或植株上部的为雌性，其下的为雄性，或同一植株的全为雌性。瘦果近球形，长约0.6 mm，光滑，基部突缩成细柄。花期8~10月。

分布与生境

产于云南、贵州、广西、广东、福建、江西、台湾、浙江、湖北、四川、甘肃、陕西、河南的南部广泛栽培。生于山谷林边或草坡，海拔200~1 700 m。

经济用途

苎麻的茎皮纤维细长、强韧、洁白、有光泽，拉力强，耐水湿，富弹力和绝缘性，可织成夏布（湖南浏阳及江西万载等地出产的夏布最为著名）、飞机的翼布、橡胶工业的衬布、电线包被、白热灯纱、渔网，制人造丝、人造棉等，与羊毛、棉花混纺可制高级衣料；短纤维可为高级纸张、火药、人造丝等的原料，又可织地毯、麻袋等。药用：根为利尿解热药，并有安胎作用；叶为止血剂，治创伤出血；根、叶并用治急性淋浊、尿道炎出血等症。嫩叶可养蚕，作饲料。种子可榨油，供制肥皂和食用。

098 杜仲

| 学名 | Eucommia ulmoides | 科名 | 杜仲科 | 属名 | 杜仲属 |

形态特征

落叶乔木，高达20 m，胸径约50 cm；树皮灰褐色，粗糙，内含橡胶，折断拉开有多数细丝。嫩枝有黄褐色毛，不久变秃净，老枝有明显的皮孔。叶椭圆形、卵形或矩圆形，薄革质；基部圆形或阔楔形，先端渐尖；上面暗绿色，初时有褐色柔毛，不久变秃净，老叶略有皱纹，下面淡绿，初时有褐毛，以后仅在脉上有毛。花生于当年枝基部。翅果扁平，长椭圆形，先端2裂，基部楔形，周围具薄翅；坚果位于中央，稍突起，子房柄长2~3 mm，与果梗相接处有关节。种子扁平，线形，两端圆形。早春开花，秋后果实成熟。

分布与生境

分布于陕西、甘肃、河南、湖北、四川、云南、贵州、湖南及浙江等省区，现各地广泛栽种。在自然状态下，生长于海拔300~500 m的低山、谷地或低坡的疏林里，对土壤的选择并不严格，在瘠薄的红土，或岩石峭壁上均能生长。

经济用途

树皮药用，作为强壮剂及降血压药物，并能医腰膝痛、风湿及习惯性流产等；树皮分泌的硬橡胶可作工业原料及绝缘材料，抗酸、碱及化学试剂腐蚀的性能高，可制造耐酸、碱容器及管道的衬里；种子含油率达27%；木材供建筑及制家具。

099 山桐子

| 学名 | *Idesia polycarpa* | 科名 | 大风子科 | 属名 | 山桐子属 |

形态特征

落叶乔木，高8~21 m；树皮淡灰色，不裂；小枝圆柱形，细而脆，黄棕色，有明显的皮孔，冬日呈侧枝长于顶枝状态，枝条平展，近轮生，树冠长圆形；叶薄革质或厚纸质，卵形或心状卵形，或为宽心形，先端渐尖或尾状。花单性，雌雄异株或杂性，黄绿色，有芳香，花瓣缺，排列成顶生下垂的圆锥花序。浆果成熟期紫红色，扁圆形，宽过于长，果梗细小，长0.6~2 cm；种子红棕色，圆形。花期4~5月，果熟期10~11月。

分布与生境

产于甘肃南部、陕西南部、山西南部、河南南部、台湾北部和西南三省、中南二省、华东五省、华南二省等17个省区。生于海拔400~2 500 m的低山区的山坡、山洼等落叶阔叶林和针阔叶混交林中。

经济用途

木材松软，可作建筑、家具、器具等的用材；为山地营造速生混交林和经济林的优良树种；花多芳香，有蜜腺，为养蜂业的蜜源资源植物；树形优美，果实长序，结果累累，果色朱红，形似珍珠，风吹袅袅，为山地、园林的观赏树种；果实、种子均含油。

100 山拐枣

| 学名 | *Poliothyrsis sinensis* | 科名 | 大风子科 | 属名 | 山拐枣属 |

形态特征

落叶乔木，高7~15 m；树皮灰褐色，浅裂；小枝圆柱形，性脆，灰白色，幼时有短柔毛，老时无毛。叶厚纸质，卵形至卵状披针形，先端渐尖或急尖，尖头有的长尾状。花单性，雌雄同序，雌花在1/3的上端，二至四回的圆锥花序，顶生，稀腋生在上面一两片叶腋，有淡灰色毛。蒴果长圆形，外果皮革质，有灰色毡毛，内果皮木质；种子多数，周围有翅，扁平。花期夏初，果期5~9月。

分布与生境

产于陕西和甘肃两省南部及河南、湖北、湖南、江西、安徽、浙江、江苏、福建、广东、贵州、云南（东北部）、四川。生于海拔400~1 500 m的山坡、山脚常绿、落叶阔叶混交林和落叶阔叶林中。

经济用途

木材结构细密，材质优良，供家具、器具等用；花多而芳香，为蜜源植物。

101 芫花

| 学名 | *Daphne genkwa* | 科名 | 瑞香科 | 属名 | 瑞香属 |

形态特征

落叶灌木，高0.3~1 m，多分枝；树皮褐色，无毛；小枝圆柱形，细瘦，叶对生，稀互生，纸质，卵形或卵状披针形至椭圆状长圆形，先端急尖或短渐尖。花比叶先开放，紫色或淡紫蓝色，无香味，常3~6朵簇生于叶腋或侧生，花梗短。果实肉质，白色，椭圆形，长约4 mm，包藏于宿存的花萼筒的下部，具1颗种子。花期3~5月，果期6~7月。

分布与生境

产于河北、山西、陕西、甘肃、山东、江苏、安徽、浙江、江西、福建、台湾、河南、湖北、湖南、四川、贵州等省。生于海拔300~1 000 m。

经济用途

观赏植物；花蕾药用，为治水肿和祛痰药，根可毒鱼，全株可作农药，煮汁可杀虫，灭天牛虫效果良好；茎皮纤维柔韧，可作造纸和人造棉原料。

102 毛瑞香

| 学名 | Daphne kiusiana var. atrocaulis | 科名 | 瑞香科 | 属名 | 瑞香属 |

形态特征

常绿灌木，高0.5 ~ 1 m。枝深紫色或紫褐色，无毛，皮部很韧，不易拉折。叶互生，枝端常簇生；厚纸质；椭圆形至倒披针形，全缘。花白色，有芳香；5 ~ 13朵组成顶生头状花序，无总花梗，基部具数枚早落苞片。核果卵状椭圆形，红色。

分布与生境

生于山坡岩石隙缝中。分布于浙江、安徽、江西、湖北、湖南、四川、台湾、广东、广西等地。

经济用途

该物种为中国植物图谱数据库收录的有毒植物，其毒性为根皮有毒，民间反映止痛效果比较好。

103 海金子

学名 *Pittosporum illicioides*　　科名 海桐花科　　属名 海桐花属

形态特征

常绿灌木，高达5 m，嫩枝无毛，老枝有皮孔。叶生于枝顶，3~8片簇生呈假轮生状，薄革质，倒卵状披针形或倒披针形，先端渐尖。蒴果近圆形，少三角形，或有纵沟3条，果片薄木质；种子8~15个，长约3 mm，种柄短而扁平，长1.5 mm；果梗纤细，长2~4 cm，常向下弯。

分布与生境

分布于福建、台湾、浙江、江苏、安徽、江西、湖北、湖南、贵州等省。

经济用途

种子含油，提出油脂可制肥皂，茎皮纤维可制纸。

华东椴

糠椴

104 华东椴

| 学名 | Tilia japonica | 科名 | 椴树科 | 属名 | 椴树属 |

形态特征

乔木；嫩枝初时有长柔毛，很快变秃净，顶芽卵形，无毛。叶革质，圆形或扁圆形，先端急锐尖。聚伞花序长5~7 cm，有花6~16朵或更多，花瓣长6~7 mm；退化雄蕊花瓣状，稍短；雄蕊长5 mm。果实卵圆形，有星状柔毛，无棱突。

分布与生境

产于山东、安徽、江苏、浙江。

少脉椴

华东椴

105 扁担杆

| 学名 | *Grewia biloba* | 科名 | 椴树科 | 属名 | 扁担杆属 |

形态特征

灌木或小乔木，高1~4 m，多分枝；嫩枝被粗毛。叶薄革质，椭圆形或倒卵状椭圆形，先端锐尖，基部楔形或钝，两面有稀疏星状粗毛，边缘有细锯齿；叶柄长4~8 mm，被粗毛；托叶钻形。聚伞花序腋生，多花，花序柄长不到1 cm；花柄长3~6 mm。核果红色，有2~4颗分核。花期5~7月。

分布与生境

产于江西、湖南、浙江、广东、台湾、安徽、四川等省。

106 算盘子

| 学名 | *Glochidion puberum* | 科名 | 大戟科 | 属名 | 算盘子属 |

形态特征

直立灌木，高1~5 m，多分枝；小枝灰褐色；小枝、叶片下面、萼片外面、子房和果实均密被短柔毛。叶片纸质或近革质，长圆形、长卵形或倒卵状长圆形，稀披针形，顶端钝、急尖、短渐尖或圆。雌雄同株或异株，2~5朵簇生于叶腋内。蒴果扁球状，成熟时带红色，种子近肾形，具三棱，朱红色。花期4~8月，果期7~11月。

分布与生境

产于陕西、甘肃、江苏、安徽、浙江、江西、福建、台湾、河南、湖北、湖南、广东、海南、广西、四川、贵州、云南和西藏等省区，生于海拔300~2 200 m山坡、溪旁灌木丛中或林缘。

经济用途

种子可榨油，含油量20%，供制肥皂或作润滑油。根、茎、叶和果实均可药用，有活血散瘀、消肿解毒之效，治痢疾、腹泻、感冒发热、咳嗽、食滞腹痛、湿热腰痛、跌打损伤、疝气等；也可作农药。全株可提制栲胶；叶可作绿肥，置于粪池可杀蛆。本种在华南荒山、灌丛极为常见，为酸性土壤的指示植物。

107 湖北算盘子

| 学名 | Glochidion wilsonii | 科名 | 大戟科 | 属名 | 算盘子属 |

形态特征

灌木，高1~4 m；枝条具棱，灰褐色；小枝直而开展；除叶柄外，全株均无毛。叶片纸质，披针形或斜披针形，顶端短渐尖或急尖。花绿色，雌雄同株，簇生于叶腋内。蒴果扁球状，边缘有6~8条纵沟，基部常有宿存的萼片；种子近三棱形，红色，有光泽。花期4~5月，果期6~9月。

分布与生境

产于安徽、浙江、江西、福建、湖北、广西、四川、贵州等省区，生于海拔600~1 600 m山地灌木丛中。

经济用途

叶、茎及果含鞣质，可提取栲胶。

108 叶底珠

| 学名 | Flueggea suffruticosa | 科名 | 大戟科 | 属名 | 白饭树属 |

形态特征

灌木，高1~3 m，多分枝；小枝浅绿色，近圆柱形，有棱槽，有不明显的皮孔；全株无毛。叶片纸质，椭圆形或长椭圆形，稀倒卵形，顶端急尖至钝。花小，雌雄异株，簇生于叶腋。蒴果三棱状扁球形，成熟时淡红褐色，有网纹，种子卵形，褐色而有小疣状凸起。花期3~8月，果期6~11月。

分布与生境

除西北尚未发现外，全国各省区均有分布，生于山坡灌丛中或山沟、路边，海拔800~2 500 m。

经济用途

茎皮纤维坚韧，可作纺织原料。枝条可编制用具。根含鞣质。叶含一叶萩碱（securinine）。花和叶供药用，对中枢神经系统有兴奋作用，可治面部神经麻痹、小儿麻痹后遗症、神经衰弱、嗜睡症等。根皮煮水，外洗可治牛、马虱子为害。

109 青灰叶下珠

| 学名 | *Phyllanthus glaucus* | 科名 | 大戟科 | 属名 | 叶下珠属 |

形态特征

灌木，高达4 m；枝条圆柱形，小枝细柔；全株无毛。叶片膜质，椭圆形或长圆形，顶端急尖，有小尖头。花数朵簇生于叶腋；花梗丝状，顶端稍粗。蒴果浆果状，直径约1 cm，紫黑色，基部有宿存的萼片；种子黄褐色。花期4~7月，果期7~10月。

分布与生境

产于江苏、安徽、浙江、江西、湖北、湖南、广东、广西、四川、贵州、云南和西藏等省区，生于海拔200~1 000 m的山地灌木丛中或稀疏林下。

经济用途

药用，根可治小儿疳积病。

110 油桐

| 学名 | *Vernicia fordii* | 科名 | 大戟科 | 属名 | 油桐属 |

形态特征

落叶乔木，高达10 m；树皮灰色，近光滑；枝条粗壮，无毛，具明显皮孔。叶卵圆形，顶端短尖。花雌雄同株，先叶或与叶同时开放。核果近球状，直径4~6 cm，果皮光滑；种子3~4颗，种皮木质。花期3~4月，果期8~9月。

分布与生境

产于陕西、河南、江苏、安徽、浙江、江西、福建、湖南、湖北、广东、海南、广西、四川、贵州、云南等省区。通常栽培于海拔1 000 m以下丘陵山地。

经济用途

本种是我国重要的工业油料植物；桐油是我国的外贸商品；此外，其果皮可制活性炭或提取碳酸钾。

111 野桐

| 学名 | Mallotus japonicus | 科名 | 大戟科 | 属名 | 野桐属 |

形态特征

小乔木或灌木，高2~4 m；树皮褐色。嫩枝具纵棱，枝、叶柄和花序轴均密被褐色星状毛。叶互生，稀小枝上部有时近对生，纸质，形状多变，卵形、卵圆形、卵状三角形、肾形或横长圆形，顶端急尖、凸尖或急渐尖。花雌雄异株，花序总状或下部常具3~5分枝。蒴果近扁球形，钝三棱形，密被有星状毛的软刺和红色腺点；种子近球形，直径约5 mm，褐色或暗褐色，具皱纹。花期4~6月，果期7~8月。

分布与生境

多生于海拔320~600 m林中。

经济用途

种子含油量达38％，可作工业原料；木材质地轻软，可作小器具用材。

112 白背叶

| 学名 | Mallotus apelta | 科名 | 大戟科 | 属名 | 野桐属 |

形态特征

灌木或小乔木，高1~4 m；小枝、叶柄和花序均密被淡黄色星状柔毛和散生橙黄色颗粒状腺体。叶互生，卵形或阔卵形，稀心形，长和宽均6~25 cm，顶端急尖或渐尖。花雌雄异株，雄花序为开展的圆锥花序或穗状。蒴果近球形，密生被灰白色星状毛的软刺，软刺线形，黄褐色或浅黄色，长5~10 mm；种子近球形，直径约3.5 mm，褐色或黑色，具皱纹。花期6~9月，果期8~11月。

分布与生境

产于云南、广西、湖南、江西、福建、广东和海南。生于海拔30~1 000 m山坡或山谷灌丛中。

经济用途

本种为撂荒地的先锋树种；茎皮可供编织；种子含油率达36％，含 α-粗糠柴酸，可供制油漆，或合成大环香料、杀菌剂、润滑剂等原料。

113 粗糠柴

| 学名 | *Mallotus philippensis* | 科名 | 大戟科 | 属名 | 野桐属 |

形态特征

小乔木或灌木，高2~18 m；小枝、嫩叶和花序均密被黄褐色短星状柔毛。叶互生或有时小枝顶部对生，近革质、卵形、长圆形或卵状披针形，顶端渐尖。花雌雄异株，花序总状，顶生或腋生，单生或数个簇生。蒴果扁球形，密被红色颗粒状腺体和粉末状毛；种子卵形或球形，黑色，具光泽。花期4~5月，果期5~8月。

分布与生境

产于四川、云南、贵州、湖北、江西、安徽、江苏、浙江、福建、台湾、湖南、广东、广西和海南。生于海拔300~1 600 m山地林中或林缘。

经济用途

木材淡黄色，为家具等用材；树皮可提取栲胶；种子的油可作工业用油；果实的红色颗粒状腺体有时可作燃料，但有毒，不能食用。

114 山麻杆

| 学名 | *Alchornea davidii* | 科名 | 大戟科 | 属名 | 山麻杆属 |

形态特征

落叶灌木，高1~5 m；嫩枝被灰白色短绒毛，一年生小枝具微柔毛。叶薄纸质，阔卵形或近圆形，顶端渐尖。雌雄异株，雄花序穗状，雌花序总状，顶生。蒴果近球形，具3圆棱，密生柔毛；种子卵状三角形，种皮淡褐色或灰色，具小瘤体。花期3~5月，果期6~7月。

分布与生境

产于陕西南部、四川东部和中部、云南东北部、贵州、广西北部、河南、湖北、湖南、江西、江苏、福建西部。生于海拔300~700 m沟谷或溪畔、河边的坡地灌丛中，或栽种于坡地。

经济用途

茎皮纤维为制纸原料，叶可作饲料。

115 乌桕

| 学名 | Sapium sebiferum | 科名 | 大戟科 | 属名 | 乌桕属 |

形态特征

乔木，高可达15 m许，各部均无毛而具乳状汁液；树皮暗灰色，有纵裂纹；枝广展，具皮孔。叶互生，纸质，叶片菱形、菱状卵形或稀有菱状倒卵形，端骤然紧缩具长短不等的尖头。花单性，雌雄同株，聚集成顶生、长6~12 cm的总状花序。蒴果梨状球形，成熟时黑色，具3个种子，种子扁球形，黑色，长约8 mm，宽6~7 mm，外被白色、蜡质的假种皮。花期4~8月。

分布与生境

在我国主要分布于黄河以南各省区，北达陕西、甘肃。生于旷野、塘边或疏林中。

经济用途

木材白色，坚硬，纹理细致，用途广。叶为黑色染料，可染衣物。秋叶橙红或鲜红，园林用于孤植或片植。根皮治毒蛇咬伤。白色之蜡质层（假种皮）溶解后可制肥皂、蜡烛；种子的油可作涂料，可涂油纸、油伞等。

116 白木乌桕

| 学名 | Sapium japonicum (Sieb. et Zucc.) Pax et Hoffm. | 科名 | 大戟科 | 属名 | 乌桕属 |

形态特征

灌木或乔木，高1~8 m，各部均无毛；枝纤细，平滑，灰褐色。叶互生，纸质，叶卵形、卵状长方形或椭圆形，顶端短尖或凸尖。花单性，雌雄同株常同序，聚集成顶生。蒴果三棱状球形，直径10~15 mm。分果片脱落后无宿存中轴；种子扁球形，直径6~9 mm，无蜡质的假种皮，有雅致的棕褐色斑纹。花期5~6月。

分布与生境

广布于山东、安徽、江苏、浙江、福建、江西、湖北、湖南、广东、广西、贵州和四川。生于林中湿润处或溪涧边。

经济用途

野生油脂植物，根皮有消肿、利尿功效。

117 茶

| 学名 | *Camellia sinensis* | 科名 | 山茶科 | 属名 | 山茶属 |

形态特征

灌木或小乔木，嫩枝无毛。叶革质，长圆形或椭圆形，先端钝或尖锐，基部楔形，上面发亮，下面无毛或初时有柔毛，侧脉5~7对，边缘有锯齿。花1~3朵腋生，白色。果3球形或1~2球形，高1.1~1.5 cm，每球有种子1~2粒。花期10月至翌年2月。

分布与生境

野生种遍见于长江以南各省的山区，为小乔木状，叶片较大，常超过10 cm长。长期以来，经广泛栽培，毛被及叶型变化很大。

118 油茶

| 学名 | Camellia oleifera Abel. | 科名 | 山茶科 | 属名 | 油茶属 |

形态特征

常绿灌木或中乔木，嫩枝有粗毛。叶革质，椭圆形、长圆形或倒卵形，先端尖而有钝头，有时渐尖或钝。花顶生，近于无柄，花瓣白色。蒴果球形或卵圆形，直径2~4 cm，3室或1室，每室有种子1粒或2粒，果皮木质，中轴粗厚；苞片及萼片脱落后留下的果柄长3~5 mm，粗大，有环状短节。花期冬春间。

分布与生境

产于我国南部多省。喜温暖，怕寒冷，要求水分充足，年降水量一般在1 000 mm以上，对土壤要求不甚严格，一般适宜土层深厚的酸性土，而不适于石块多和土质坚硬的地方。

经济用途

其种子可榨油（茶油）供食用，故名。茶油色清味香，营养丰富，耐贮藏，是优质食用油；也可作为润滑油、防锈油用于工业。茶饼既是农药，又是肥料，可提高农田蓄水能力和防治稻田害虫。果皮是提制栲胶的原料。

119 长喙紫茎

| 学名 | Stewartia sinensis Rehd. | 科名 | 山茶科 | 属名 | 紫茎属 |

形态特征

小乔木，树皮灰黄色，嫩枝无毛或有疏毛。叶纸质，椭圆形或卵状椭圆形，先端渐尖，基部楔形，边缘有粗齿。花单生，花瓣阔卵形，基部连生，外面有绢毛；雄蕊有短的花丝管，被毛；子房有毛。蒴果卵圆形，先端长尖。种子有窄翅。花期6月。商城分布的主要是其变种长喙紫茎。

分布与生境

产于四川东部、安徽、江西、浙江、湖北。

120 柃市

| 学名 | Eurya japonica | 科名 | 山茶科 | 属名 | 柃木属 |

形态特征

　　灌木，高1~3.5 m，全株无毛；嫩枝黄绿色或淡褐色，具2棱，小枝灰褐色或褐色。叶厚革质或革质，倒卵形、倒卵状椭圆形至长圆状椭圆形，顶端钝或近圆形，有时急尖而尖顶钝，有微凹。花1~3朵腋生，花梗长约2 mm。雄花花瓣5，白色，长圆状倒卵形；雌花花瓣5，长圆形。果实圆球形，无毛，宿存花柱长1~1.5 mm，顶端3浅裂。花期2~3月，果期9~10月。

分布与生境

　　产于浙江沿海（宁波、普陀山、镇海、鄞县、洞头）、台湾（台北、台中、台东、屏东、嘉义、阿里山）等地；多生于滨海山地及山坡路旁或溪谷边灌丛中。

经济用途

　　蜜源植物，枝叶可供药用，有清热、消肿的功效。

121 连蕊茶

| 学名 | *Camellia fraterna* | 科名 | 山茶科 | 属名 | 山茶属 |

形态特征

常灌木或小乔木，高1~5 m，嫩枝密生柔毛或长丝毛。叶革质，椭圆形，先端渐尖而有钝尖头，基部阔楔形。花常单生于枝顶，花柄长3~4 mm，花冠白色。蒴果圆球形，直径1.5 cm，1室，种子1个，果壳薄革质。花期4~5月。

分布与生境

产于浙江、江西、江苏、安徽、福建。

122 中华猕猴桃

| 学名 | *Actinidia chinensis* | 科名 | 猕猴桃科 | 属名 | 猕猴桃属 |

形态特征

　　大型落叶藤本；幼枝或厚或薄地被有灰白色茸毛或褐色长硬毛或铁锈色硬毛状刺毛，老时秃净或留有断损残毛；花枝短的4~5 cm，长的15~20 cm；隔年枝完全秃净无毛，皮孔长圆形，比较显著或不甚显著。叶纸质，倒阔卵形至倒卵形或阔卵形至近圆形，顶端平截形并中间凹入或具突尖、急尖至短渐尖。聚伞花序1~3朵，花初放时白色，放后变淡黄色，有香气。果黄褐色，近球形、圆柱形、倒卵形或椭圆形。

分布与生境

　　产于陕西（南端）、湖北、湖南、河南、安徽、江苏、浙江、江西、福建、广东（北部）和广西（北部）等省区。生于海拔200~600 m低山区的山林中，一般多出现于高草灌丛、灌木林或次生疏林中，喜欢腐殖质丰富、排水良好的土壤；分布于较北的地区者喜生于温暖湿润，背风向阳环境。

经济用途

　　本种果实是本属中最大的一种，从生产利用情况说又是本属中经济意义最大的一种。

123 黑蕊猕猴桃

| 学名 | Actinidia melanandra | 科名 | 猕猴桃科 | 属名 | 猕猴桃属 |

形态特征

中型落叶藤本，小枝洁净无毛。叶纸质，椭圆形、长方椭圆形或狭椭圆形，顶端急尖至短渐尖。聚伞花序不均地薄被小茸毛，1~2回分枝，有花1~7朵，花绿白色。

果瓶状卵珠形，长约3 cm，无毛，无斑点，顶端有喙，基部萼片早落。种子小，长约2 mm。花期5~6月上旬。

分布与生境

产于四川、贵州、甘肃、陕西、湖北、浙江、江西等省。生于海拔1 000~1 600 m山地阔叶林中湿润处。

124 映山红

| 学名 | *Rhododendron simsii* | 科名 | 杜鹃花科 | 属名 | 杜鹃属 |

形态特征

落叶灌木，高2~5 m；分枝多而纤细，密被亮棕褐色扁平糙伏毛。叶革质，常集生枝端，卵形、椭圆状卵形或倒卵形或倒卵形至倒披针形，先端短渐尖。花冠阔漏斗形，玫瑰色、鲜红色或暗红色，裂片5，倒卵形，上部裂片具深红色斑点。蒴果卵球形，长达1 cm，密被糙伏毛；花萼宿存。花期4~5月，果期6~8月。

分布与生境

产于江苏、安徽、浙江、江西、福建、台湾、湖北、湖南、广东、广西、四川、贵州和云南。生于海拔500~1 200 m，稀2 500 m的山地疏灌丛或松林下，为我国中南及西南典型的酸性土指示植物。

经济用途

本种全株供药用，有行气活血、补虚之功效，治疗内伤咳嗽、肾虚耳聋、月经不调、风湿等疾病。又因花冠鲜红色，为著名的花卉植物，具有较高的观赏价值，目前在国内外各公园中均有栽培。

125 闹羊花

| 学名 | *Rhododendron molle* | 科名 | 杜鹃花科 | 属名 | 杜鹃属 |

形态特征

又名羊踯躅，落叶灌木，高0.5~2 m；分枝稀疏，枝条直立，幼时密被灰白色柔毛及疏刚毛。叶纸质，长圆形至长圆状披针形，先端钝，具短尖头。总状伞形花序顶生，花多达13朵，先花后叶或与叶同时开放，花冠阔漏斗形，黄色或金黄色，内有深红色斑点。蒴果圆锥状长圆形，具5条纵肋，被微柔毛和疏刚毛。花期3~5月，果期7~8月。

分布与生境

产于江苏、安徽、浙江、江西、福建、河南、湖北、湖南、广东、广西、四川、贵州和云南。生于海拔1 000 m的山坡草地或丘陵地带的灌丛或山脊杂木林下。

经济用途

本种为著名的有毒植物之一。《神农本草》及《植物名实图考》把它列入毒草类，可治疗风湿性关节炎、跌打损伤。民间通常称"羊踯躅"。植物体各部含有闹羊花毒素（rhodo japonin）和马醉木毒素（asebotoxin）、ericolin和andromedotoxin等成分，误食令人腹泻、呕吐或痉挛；羊食时往往踯躅而死亡，故此得名。近年来在医药工业上用作麻醉剂、镇疼药；全株还可作农药。

126 | 乌饭树

| 学名 | Vaccinium bracteatum | 科名 | 杜鹃花科 | 属名 | 越桔属 |

形态特征

又名南烛，常绿灌木或小乔木，高2~9 m；分枝多，幼枝被短柔毛或无毛，老枝紫褐色，无毛。叶片薄革质，椭圆形、菱状椭圆形、披针状椭圆形至披针形。总状花序顶生和腋生，长4~10 cm，有多数花，序轴密被短柔毛，稀无毛，花冠白色，筒状，有时略呈坛状。浆果直径5~8 mm，熟时紫黑色，外面通常被短柔毛，稀无毛。花期6~7月，果期8~10月。

分布与生境

产于台湾省，华东、华中、华南至西南。生于丘陵地带或海拔400~1 400 m的山地，常见于山坡林内或灌丛中。

经济用途

果实成熟后酸甜，可食；采摘枝、叶渍汁浸米，煮成"乌饭"，江南一带民间在寒食节（农历四月）有煮食乌饭的习惯；果实入药，名"南烛子"，有强筋益气、固精之效；江西民间中医用叶捣烂治刀斧砍伤。

127 金丝桃

| 学名 | Hypericum monogynum | 科名 | 藤黄科 | 属名 | 金丝桃属 |

形态特征

灌木，高0.5~1.3 m，丛状或通常有疏生的开张枝条，茎红色。叶对生，无柄或具短柄，柄长达1.5 mm；叶片倒披针形或椭圆形至长圆形。花序具1~15花，自茎端第1节生出，疏松，近伞房状，花瓣金黄色至柠檬黄色，无红晕，开张，三角状倒卵形。蒴果宽卵珠形或稀为卵珠状圆锥形至近球形，种子深红褐色，圆柱形。花期5~8月，果期8~9月。

分布与生境

产于河北、陕西、山东、江苏、安徽、浙江、江西、福建、台湾、河南、湖北、湖南、广东、广西、四川及贵州等省区。生于山坡、路旁或灌丛中，沿海地区海拔0~150 m，但在山地上升至1 500 m。

经济用途

花美丽，供观赏；果实及根供药用，果作连翘代用品，根能祛风、止咳、下乳、调经补血，并可治跌打损伤。

128 枸骨

| 学名 Ilex cornuta | 科名 | 冬青科 | 属名 | 冬青属 |

形态特征

常绿灌木或小乔木，高1~3 m；幼枝具纵脊及沟，沟内被微柔毛或变无毛；叶片厚革质，二型，四角状长圆形或卵形，先端具3枚尖硬刺齿，中央刺齿常反曲。花序簇生于二年生枝的叶腋内，花瓣长圆状卵形，反折，基部合生。果球形，直径8~10 mm，成熟时鲜红色。花期4~5月，果期10~12月。

分布与生境

产于江苏、上海市、安徽、浙江、江西、湖北、湖南等省市，生于海拔150~1 900 m的山坡、丘陵等的灌丛、疏林中以及路边、溪旁和村舍附近。

经济用途

本种之树形美丽，果实秋冬红色，挂于枝头，与欧洲之圣诞树Ilex aquifolium L.可以媲美并代替其供庭园观赏。其根、枝叶和果入药，根有滋补强壮、活络、清风热、祛风湿之功效，枝叶用于治疗肺痨咳嗽、劳伤失血、腰膝痿弱、风湿痹痛，果实用于治疗阴虚身热、淋浊、崩带、筋骨疼痛等症。种子含油，可作肥皂原料；树皮可作染料和提取栲胶，木材软韧；可用作牛鼻栓。

129 冬青

| 学名 | Ilex chinensis | 科名 | 冬青科 | 属名 | 冬青属 |

形态特征

常绿乔木，高达13 m。叶片薄革质至革质，椭圆形或披针形，稀卵形，先端渐尖，基部楔形或钝，边缘具圆齿。雄花花序具3~4回分枝，花淡紫色或紫红色；雌花花序具1~2回分枝，具花3~7朵。果长球形，成熟时红色。花期4~6月，果期7~12月。

分布与生境

产于江苏、安徽、浙江、江西、福建、台湾、河南、湖北、湖南、广东、广西和云南等省区；生于海拔500~1 000 m的山坡常绿阔叶林中和林缘。

经济用途

本种为我国常见的庭园观赏树种；木材坚韧，可作细工原料，用于制玩具、雕刻品、工具柄、刷背和木梳等；树皮及种子供药用，为强壮剂，且有较强的抑菌和杀菌作用；叶有清热利湿、消肿镇痛之功效。

130 大叶冬青

| 学名 | *Ilex latifolia* | 科名 | 冬青科 | 属名 | 冬青属 |

形态特征

常绿大乔木，高达20 m，胸径60 cm，全体无毛；树皮灰黑色；分枝粗壮，具纵棱及槽，黄褐色或褐色。叶片厚革质，长圆形或卵状长圆形，长8~28 cm，宽4.5~9 cm，先端钝或短渐尖。由聚伞花序组成的假圆锥花序生于二年生枝的叶腋内，无总梗，花淡黄绿色。果球形，直径约7 mm，成熟时红色。花期4月，果期9~10月。

分布与生境

产于江苏（宜兴）、安徽、浙江、江西、福建、河南、湖北、广西及云南东南部等省区。分布于日本。生于海拔250~1 500 m的山坡常绿阔叶林、灌丛中或竹林中。

经济用途

本种的木材可作细木原料，树皮可提栲胶，叶和果可入药；植株优美，可作庭园绿化树种。

131 | 大果冬青

| 学名 | Ilex macrocarpa | 科名 | 冬青科 | 属名 | 冬青属 |

形态特征

　　落叶乔木，高5~10 m；小枝栗褐色或灰褐色，具长枝和短枝，长枝皮孔圆形，明显，无毛。叶片纸质至坚纸质，卵形、卵状椭圆形，稀长圆状椭圆形。雄花序单生或簇生于当年生或二年生枝的叶腋内，花白色。果球形，成熟时黑色。花期4~5月，果期10~11月。

分布与生境

　　产于陕西南部、江苏、安徽、浙江、福建、河南、湖北、湖南、广东、广西、四川、贵州和云南等省区；生于海拔400~2 400 m的山地林中。

经济用途

　　本种的根药用，用于眼翳。

132 大柄冬青

| 学名 | Ilex macropoda Miq. | 科名 | 冬青科 | 属名 | 冬青属 |

形态特征

　　落叶乔木，高达20 m；树皮灰黑色，粗糙；枝条粗壮，平滑无毛，幼枝有棱。叶厚革质，长椭圆形，顶端锐尖。聚伞花序密生于二年生枝条叶腋内。果实球形，红色或褐色。花期4～5月，果熟期10月。

分布与生境

　　分布于长江下游各省及福建等地。生于山坡竹林内及灌木丛中。

133 卫矛

| 学名 | Euonymus alatus | 科名 | 卫矛科 | 属名 | 卫矛属 |

形态特征

　　灌木，高1~3 m；小枝常具2~4列宽阔木栓翅；叶卵状椭圆形、窄长椭圆形，偶为倒卵形，边缘具细锯齿，两面光滑无毛。聚伞花序1~3花，花白绿色。蒴果1~4深裂，裂瓣椭圆状，种子椭圆状或阔椭圆状，种皮褐色或浅棕色，假种皮橙红色，全包种子。花期5~6月，果期7~10月。

分布与生境

　　除东北、新疆、青海、西藏、广东及海南外，全国各省区均产。生长于山坡、沟地边沿。

经济用途

　　带栓翅的枝条入中药，叫鬼箭羽。

134 丝绵木

| 学名 | Euonymus maackii | 科名 | 卫矛科 | 属名 | 卫矛属 |

形态特征

小乔木，高达6 m。叶卵状椭圆形、卵圆形或窄椭圆形，先端长渐尖。聚伞花序3至多花，淡白绿色或黄绿色。蒴果倒圆心状，成熟后果皮粉红色；种子长椭圆状，种皮棕黄色，假种皮橙红色，全包种子，成熟后顶端常有小口。花期5~6月，果期9月。

分布与生境

产地广阔，北起黑龙江包括华北、内蒙古各省区，南到长江南岸各省区，西至甘肃，除陕西、西南和两广未见野生外，其他各省区均有，但长江以南常以栽培为主。

经济用途

丝绵木枝叶娟秀细致，姿态幽丽，秋季叶色变红，果实挂满枝梢，开裂后露出橘红色假种皮，甚为美观。庭院中可配植于屋旁、墙垣、庭石及水池边，亦可作绿荫树栽植。景观用途：庭荫树、水边绿化。根、茎皮可止痛，用于膝关节痛。枝、叶可解毒，外用治漆疮。

135 肉花卫矛

| 学名 | Euonymus carnosus | 科名 | 卫矛科 | 属名 | 卫矛属 |

形态特征

灌木或乔木，半常绿，高达8 m。叶较大，长方椭圆形、阔椭圆形、窄长方形或长方倒卵形，先端突成短渐尖，基部圆阔。疏松聚伞花序3~9花，花黄白色，较大，直径达1.5 cm。蒴果近球状，常具窄翅棱，种子长圆形，黑红色，有光泽，假种皮红色，盔状，覆盖种子的上半部。花期6~7月，果期9~10月。

分布与生境

产于江苏、浙江、台湾、福建、安徽、江西及湖南和湖北东部。

136 扶芳藤

| 学名 | Euonymus fortunei | 科名 | 卫矛科 | 属名 | 卫矛属 |

形态特征

常绿藤本灌木，高1至数米。叶薄革质，椭圆形、长方椭圆形或长倒卵形，宽窄变异较大，可窄至近披针形，先端钝或急尖。聚伞花序3~4次分枝；花序梗长1.5~3 cm，花白绿色。蒴果粉红色，果皮光滑，近球状，种子长方椭圆状，棕褐色，假种皮鲜红色，全包种子。花期6月，果期10月。

分布与生境

产于江苏、浙江、安徽、江西、湖北、湖南、四川、陕西等省。生长于山坡丛林中。

137 南蛇藤

| 学名 | *Celastrus orbiculatus* | 科名 | 卫矛科 | 属名 | 南蛇藤属 |

形态特征

小枝光滑无毛，灰棕色或棕褐色，具稀而不明显的皮孔，叶通常阔倒卵形，近圆形或长方椭圆形，先端圆阔，具有小尖头或短渐尖。聚伞花序腋生，间有顶生。蒴果近球状，直径8~10 mm；种子椭圆状稍扁，赤褐色。花期5~6月，果期7~10月。

分布与生境

产于黑龙江、吉林、辽宁、内蒙古、河北、山东、山西、河南、陕西、甘肃、江苏、安徽、浙江、江西、湖北、四川，为我国分布最广泛的种之一。生长于海拔450~2 200 m山坡灌丛。

经济用途

在东北、华北地区及山东以本种的成熟果实作中药合欢花用；树皮制优质纤维，种子含油50%。

138 苦皮藤

| 学名 | Celastrus angulatus | 科名 | 卫矛科 | 属名 | 南蛇藤属 |

形态特征

藤状灌木；小枝常具4~6纵棱，叶大，近革质，长方阔椭圆形、阔卵形、圆形，先端圆阔，中央具尖头。聚伞圆锥花序顶生，下部分枝长于上部分枝，略呈塔锥形，花序轴及小花轴光滑或被锈色短毛，花瓣长方形，花盘肉质，浅盘状或盘状。蒴果近球状，直径8~10 mm；种子椭圆状。花期5~6月。

分布与生境

产于河北、山东、河南、陕西、甘肃、江苏、安徽、江西、湖北、湖南、四川、贵州、云南及广东、广西。生长于海拔1 000~2 500 m山地丛林及山坡灌丛中。

经济用途

树皮纤维可供造纸及作人造棉原料，果皮及种子含油脂可供工业用，根皮及茎皮为杀虫剂和灭菌剂。

139 雷公藤

| 学名 | Tripterygium wilfordii | 科名 | 卫矛科 | 属名 | 雷公藤属 |

形态特征

藤本灌木，高1~3 m，小枝棕红色，具4细棱，被密毛及细密皮孔。叶椭圆形、倒卵椭圆形、长方椭圆形或卵形，先端急尖或短渐尖。圆锥聚伞花序较窄小。通常有3~5分枝。花白色，花瓣长方卵形。翅果长圆状，长1~1.5 cm，直径1~1.2 cm，中央果体较大，占全长的2/3~1/2。花期7~8月，果期9~10月。

分布与生境

产于台湾、福建、江苏、浙江、安徽、湖北、河南、广西。生于背阴多湿的山坡、山谷、溪边灌木丛中。喜较为阴凉的山坡，以偏酸性、土层深厚的砂质上或黄壤土最宜生长。

经济用途

药用有祛风除湿、通络止痛、消肿止痛、解毒杀虫之功效。用于治疗湿热结节、癌瘤积毒，有抗肿瘤、抗炎等作用。目前较多用于植物源农药的开发。

140 | 青皮市

| 学名 | *Schoepfia jasminodora* | 科名 | 铁青树科 | 属名 | 青皮木属 |

形态特征

落叶小乔木或灌木，高3~14 m；树皮灰褐色；叶纸质，卵形或长卵形，顶端近尾状或长尖。花无梗，3~9朵排成穗状花序状的螺旋状聚伞花序，红色，果时可增长到4~5 cm。果椭圆状或长圆形，成熟时全部为增大成壶状的花萼筒所包围，增大的花萼筒外部紫红色，基部为略膨大的"基座"所承托。花叶同放。花期3~5月，果期4~6月。

分布与生境

产于秦岭以南；西部各省分布于海拔1 300~2 600 m，其余省区分布于500~1 000 m山谷、沟边、山坡、路旁的密林或疏林中。

141 米面蓊

| 学名 | Buckleya lanceolate | 科名 | 檀香科 | 属名 | 米面蓊属 |

形态特征

灌木，高1~2.5 m。茎直立，叶薄膜质，近无柄，下部枝的叶呈阔卵形，上部枝的叶呈披针形，顶端尾状渐尖。雄花序顶生和腋生，浅黄棕色，卵形，花梗纤细；雌花单一，顶生或腋生。核果椭圆状或倒圆锥状，无毛，宿存苞片叶状，披针形或倒披针形，有明显的羽脉；果柄细长，棒状，顶端有节，长8~15 mm。花期6月，果期9~10月。

分布与生境

产于甘肃、陕西、山西、四川、河南、湖北、安徽、浙江等省。生长于海拔700~1 800 m山区林中。

经济用途

果实含淀粉，可盐渍供食用；鲜叶有毒，外用治皮肤瘙痒；树皮也有毒，碎片对人体皮肤有刺激作用。

142 冻绿

| 学名 | *Rhamnus utilis* | 科名 | 鼠李科 | 属名 | 鼠李属 |

形态特征

灌木或小乔木，高达4 m；幼枝无毛；叶纸质，对生或近对生，或在短枝上簇生，椭圆形、矩圆形或倒卵状椭圆形，顶端突尖或锐尖。花单性，雌雄异株，雄花数个簇生于叶腋，有退化的雌蕊；雌花2~6个簇生于叶腋或小枝下部。核果圆球形或近球形，成熟时黑色，种子背侧基部有短沟。花期4~6月，果期5~8月。

分布与生境

产于甘肃、陕西、河南、河北、山西、安徽、江苏、浙江、江西、福建、广东、广西、湖北、湖南、四川、贵州。常生于海拔1 500 m以下的山地、丘陵、山坡草丛、灌丛或疏林下。

经济用途

种子含油，可作润滑油；果实、树皮及叶含黄色染料。

143 | 猫乳

| 学名 | Rhamnella franguloides | 科名 | 鼠李科 | 属名 | 猫乳属 |

形态特征

落叶灌木或小乔木，高2~9 m，叶倒卵状矩圆形、倒卵状椭圆形、矩圆形、长椭圆形，稀倒卵形，顶端尾状渐尖、渐尖或骤然收缩成短渐尖。花黄绿色，两性，6~18个排成腋生聚伞花序，花瓣宽倒卵形，顶端微凹。核果圆柱形，成熟时红色或橘红色。花期5~7月，果期7~10月。

分布与生境

产于陕西南部、山西南部、河北、河南、山东、江苏、安徽、浙江、江西、湖南、湖北西部。生于海拔1 100 m以下的山坡、路旁或林中。

经济用途

根供药用，治疥疮；皮含绿色染料。

144 拐枣

| 学名 | *Hovenia dulcis* | 科名 | 鼠李科 | 属名 | 枳椇属 |

形态特征

又名北枳椇。高大乔木，稀灌木，高达10余m，叶纸质或厚膜质，卵圆形、宽矩圆形或椭圆状卵形，顶端短渐尖或渐尖。花黄绿色，排成不对称的顶生，稀兼腋生的聚伞圆锥花序。浆果状核果近球形，无毛，成熟时黑色；花序轴结果时稍膨大；种子深栗色或黑紫色。花期5~7月，果期8~10月。

分布与生境

产于河北、山东、山西、河南、陕西、甘肃、四川北部、湖北西部、安徽、江苏、江西（庐山）。生于海拔200~1 400 m的次生林中或在庭园栽培。

经济用途

肥大的果序轴含丰富的糖，可生食、酿酒、制醋和熬糖。木材细致坚硬，可作建筑材料和制精细用具。

145 勾儿茶

| 学名 | *Berchemia floribunda*（Wall）.Brongn | 科名 | 鼠李科 | 属名 | 勾儿茶属 |

形态特征

藤状或直立灌木；幼枝黄绿色，光滑无毛。叶纸质，上部叶较小，卵形或卵状椭圆形至卵状披针形，顶端锐尖，下部叶较大，椭圆形至矩圆形。花多数，通常数个簇生排成顶生宽聚伞圆锥花序，或下部兼腋生聚伞总状花序。核果圆柱状椭圆形，有时顶端稍宽，基部有盘状的宿存花盘。花期7~10月，果期翌年4~7月。

分布与生境

产于河南、山西、陕西、甘肃、四川、云南、贵州、湖北。生于海拔2 600 m以下的山坡、沟谷、林缘、林下或灌丛中。

经济用途

根入药，有祛风除湿、散瘀消肿、止痛之功效。

146 铜钱树

| 学名 | *Paliurus hemsleyanus* | 科名 | 鼠李科 | 属名 | 马甲子属 |

形态特征

乔木，稀灌木，高达13 m，纸质或厚纸质，宽椭圆形、卵状椭圆形或近圆形，顶端长渐尖或渐尖。聚伞花序或聚伞圆锥花序，顶生或兼有腋生，无毛。核果草帽状，周围具革质宽翅，红褐色或紫红色，无毛。花期4~6月，果期7~9月。

分布与生境

产于甘肃、陕西、河南、安徽、江苏、浙江、江西、湖南、湖北、四川、云南、贵州、广西、广东。生于海拔1 600 m以下的山地林中，庭园中常有栽培。

经济用途

树皮含鞣质，可提制栲胶。

147 酸枣

| 学名 | *Ziziphus jujuba* | 科名 | 鼠李科 | 属名 | 枣属 |

形态特征

落叶小乔木，稀灌木，高达10余m；树皮褐色或灰褐色；有长枝，短枝和无芽小枝（即新枝）比长枝光滑，紫红色或灰褐色，呈之字形曲折，具2个托叶刺，长刺可达3 cm。叶纸质，卵形、卵状椭圆形或卵状矩圆形。花黄绿色，两性。核果矩圆形或长卵圆形，成熟时红色，后变红紫色，中果皮肉质，厚，味甜，核顶端锐尖，种子扁椭圆形。花期5~7月，果期8~9月。

分布与生境

产于吉林、辽宁、河北、山东、山西、陕西、河南、甘肃、新疆、安徽、江苏、浙江、江西、福建、广东、广西、湖南、湖北、四川、云南、贵州。生长于海拔1 700 m以下的山区、丘陵或平原。广为栽培。

经济用途

枣的果实味甜，含有丰富的维生素C、P，除供鲜食外，常可以制成蜜枣、红枣、熏枣、黑枣、酒枣及牙枣等蜜饯和果脯，还可以作枣泥、枣面、枣酒、枣醋等，为食品工业原料。枣又供药用，有养胃、健脾、益血、滋补、强身之效，枣仁和根均可入药，枣仁可以安神，为重要药品之一。枣树花期较长，芳香多蜜，为良好的蜜源植物。

148 网脉葡萄

| 学名 | Vitis wilsonae | 科名 | 葡萄科 | 属名 | 葡萄属 |

形态特征

木质藤本。小枝圆柱形，有纵棱纹，被稀疏褐色蛛丝状绒毛。卷须2叉分枝，每隔2节间断与叶对生。叶心形或卵状椭圆形。圆锥花序疏散，与叶对生。花蕾倒卵状椭圆形。果实圆球形，种子倒卵状椭圆形，顶端近圆形，基部有短喙，种脐在种子背面中部呈长椭圆形，种脊微突出。花期5~7月，果期6月至翌年1月。

分布与生境

产于陕西、甘肃、河南、安徽、江苏、浙江、福建、湖北、湖南、四川、贵州、云南。生于山坡灌丛、林下或溪边林中，海拔400~2 000 m。

149 小叶葡萄

| 学名 | Vitis sinocinerea | 科名 | 葡萄科 | 属名 | 葡萄属 |

形态特征

　　木质藤本。小枝圆柱形，有纵棱纹，疏被短柔毛和稀疏蛛丝状绒毛。卷须不分枝或2叉分枝，每隔2节间断与叶对生。叶卵圆形，三浅裂或不明显分裂，顶端急尖。圆锥花序小，狭窄，与叶对生，基部分枝不发达，花序梗长1.5~2 cm，被短柔毛；花梗长，花蕾倒卵状椭圆形。果实成熟时紫褐色，种子倒卵圆形，顶端微凹，基部有短喙。花期4~6月，果期7~10月。

分布与生境

　　产于江苏、浙江、福建、江西、湖北、湖南、台湾、云南。生于山坡林中或灌丛中，海拔220~2 800 m。

150 青冈

| 学名 | *Cyclobalanopsis glauca* | 科名 | 壳斗科 | 属名 | 青冈属 |

形态特征

常绿乔木，高达20 m，胸径可达1 m。小枝无毛。叶片革质，倒卵状椭圆形或长椭圆形。果序长1.5~3 cm，着生果2~3个。壳斗碗形，包着坚果的1/3~1/2，被薄毛；小苞片合生成5~6条同心环带，环带全缘或有细缺刻，排列紧密。坚果卵形、长卵形或椭圆形。花期4~5月，果期10月。

分布与生境

产于陕西、甘肃、江苏、安徽、浙江、江西、福建、台湾、河南、湖北、湖南、广东、广西、四川、贵州、云南、西藏等省区。生于海拔60~2 600 m的山坡或沟谷，组成常绿阔叶林或常绿阔叶与落叶阔叶混交林。

经济用途

木材坚韧，可供桩柱、车船、工具柄等用材；种子含淀粉60%~70%，可作饲料或用于酿酒；树皮含鞣质16%，壳斗含鞣质10%~15%，可制栲胶。

151 槲树

| 学名 | Quercus dentata | 科名 | 壳斗科 | 属名 | 栎属 |

形态特征

落叶乔木，高达25 m，树皮暗灰褐色，深纵裂，叶片倒卵形或长倒卵形。雄花序生于新枝叶腋，雌花序生于新枝上部叶腋。壳斗杯形，包着坚果的1/3~1/2，小苞片革质，窄披针形，长约1 cm，反曲或直立，红棕色，外面被褐色丝状毛，内面无毛。坚果卵形至宽卵形。花期4~5月，果期9~10月。

分布与生境

产于黑龙江、吉林、辽宁、河北、山西、陕西、甘肃、山东、江苏、安徽、浙江、台湾、河南、湖北、湖南、四川、贵州、云南等省。生于海拔50~2 700 m的杂木林或松林中。

经济用途

木材为环孔材，边材淡黄色至褐色，心材深褐色，气干密度0.80 g/ cm^2，材质坚硬，耐磨损，易翘裂，可作坑木、地板等用材；叶含蛋白质14.9%，可饲柞蚕；种子含淀粉58.7%，含单宁5.0%，可酿酒或作饲料；树皮、种子入药作收敛剂；树皮、壳斗可提取栲胶。

152 六道木

| 学名 | Abelia biflora | 科名 | 忍冬科 | 属名 | 六道木属 |

形态特征

落叶灌木，高1~3 m，叶矩圆形至矩圆状披针形。花单生于小枝上叶腋，无总花梗，花冠白色、淡黄色或浅红色，狭漏斗形或高脚碟形。果实具硬毛，冠以4枚宿存而略增大的萼裂片；种子圆柱形，长4~6 mm，具肉质胚乳。早春开花，8~9月结果。

分布与生境

分布于我国黄河以北的辽宁、河北、山西等省。生于海拔1 000~2 000 m的山坡灌丛、林下及沟边。

153 大别山冬青

| 学名 | Ilex dabieshanensis | 科名 | 冬青科 | 属名 | 冬青属 |

形态特征

　　常绿小乔木，高5 m，全株无毛；树皮灰白色，平滑；叶生于1~2年生枝上，叶片厚革质，卵状长圆形、卵形或椭圆形，先端三角状急尖，末端终于一刺尖，基部近圆形或钝，边缘稍反卷，具4~8对刺齿，刺长约2 mm。雄花序呈密团状簇生于1~2年生枝的叶腋内，黄绿色。果近球形或椭圆形，内果皮革质。花期3~4月，果期10月。

分布与生境

　　产于安徽西部大别山区；生于海拔150~470 m的山坡路边及沟边。

154 稠李

| 学名 | Padus racemosa | 科名 | 蔷薇科 | 属名 | 稠李属 |

形态特征

落叶乔木，高可达15 m；树皮粗糙而多斑纹，叶片椭圆形、长圆形或长圆倒卵形。总状花序具有多花，花瓣白色，长圆形。核果卵球形，顶端有尖头，直径8~10 mm，红褐色至黑色，光滑，果梗无毛；萼片脱落；核有褶皱。花期4~5月，果期5~10月。

分布与生境

产于黑龙江、吉林、辽宁、内蒙古、河北、山西、河南、山东等地。生于山坡、山谷或灌丛中，海拔880~2 500 m。

经济用途

在欧洲和北亚长期栽培，有垂枝、花叶、大花、小花、重瓣、黄果和红果等变种，供观赏用。

155 云实

| 学名 | *Caesalpinia decapetala* | 科名 | 豆科 | 属名 | 云实属 |

形态特征

藤本，树皮暗红色；枝、叶轴和花序均被柔毛和钩刺。二回羽状复叶长20~30 cm；羽片3~10对，对生，具柄，基部有刺1对；小叶8~12对，膜质，长圆形。总状花序顶生，直立，具多花；总花梗多刺。荚果长圆状舌形，脆革质，栗褐色，无毛，有光泽，沿腹缝线膨胀成狭翅，成熟时沿腹缝线开裂；种子椭圆状，种皮棕色。花果期4~10月。

分布与生境

产于广东、广西、云南、四川、贵州、湖南、湖北、江西、福建、浙江、江苏、安徽、河南、河北、陕西、甘肃等省区。亚洲热带和温带地区有分布。生于山坡灌丛中及平原、丘陵、河旁等地。

经济用途

根、茎及果药用，性温，味苦、涩，无毒，有发表散寒、活血通经、解毒杀虫之效，治筋骨疼痛、跌打损伤。果皮和树皮含单宁，种子含油35%，可制肥皂及润滑油。又常栽培作为绿篱。

156 | 皂荚

| 学名 | Gleditsia sinensis | 科名 | 豆科 | 属名 | 皂荚属 |

形态特征

落叶乔木或小乔木，高可达30 m；枝灰色至深褐色；刺粗壮，圆柱形，常分枝，多呈圆锥状，长达16 cm。叶为一回羽状复叶，小叶3~9对，纸质。花杂性，黄白色，组成总状花序；花序腋生或顶生。荚果带状，果肉稍厚，两面鼓起，有的荚果短小，多少呈柱形，种子长圆形或椭圆形，棕色，光亮。花期3~5月，果期5~12月。

分布与生境

产于河北、山东、河南、山西、陕西、甘肃、江苏、安徽、浙江、江西、湖南、湖北、福建、广东、广西、四川、贵州、云南等省区。生于山坡林中或谷地、路旁，海拔自平地至2 500 m。常栽培于庭院或宅旁。

经济用途

本种木材坚硬，为车辆、家具用材；荚果煎汁可代肥皂，用以洗涤丝毛织物；嫩芽油盐调食，其子煮熟糖渍可食。荚、子、刺均入药，有祛痰通窍、镇咳利尿、消肿排脓、杀虫治癣之效。

157 湖北紫荆

| 学名 | *Cercis glabra* | 科名 | 豆科 | 属名 | 紫荆属 |

形态特征

乔木，高6~16 m，胸径达30 cm，叶较大，厚纸质或近革质，心脏形或三角状圆形。总状花序短，有花数朵，多达十余朵；花淡紫红色或粉红色，先于叶或与叶同时开放，稍大。荚果狭长圆形，紫红色，种子1~8颗，近圆形，扁。花期3~4月，果期9~11月。

分布与生境

产于湖北西部至西北部、河南西南部、陕西西南部至东南部、四川东北部至东南部、云南、贵州、广西北部、广东北部、湖南、浙江、安徽等省区。生于海拔600~1 900 m的山地疏林或密林中；山谷、路边或岩石上。

158 山合欢

| 学名 | Albizia kalkora | 科名 | 豆科 | 属名 | 合欢属 |

形态特征

又名山槐，落叶小乔木或灌木，通常高3~8 m，二回羽状复叶，羽片2~4对；小叶5~14对，长圆形或长圆状卵形。头状花序2~7枚生于叶腋，或于枝顶排成圆锥花序；花初白色，后变黄，具明显的小花梗。荚果带状，深棕色，嫩荚密被短柔毛，老时无毛；种子4~12颗，倒卵形。花期5~6月，果期8~10月。

分布与生境

产于我国华北、西北、华东、华南至西南部各省区。生于山坡灌丛、疏林中。

经济用途

本种生长快，能耐干旱及瘠薄地。木材耐水湿；花美丽，亦可植为风景树。

159 花榈木

| 学名 | Ormosia henryi | 科名 | 豆科 | 属名 | 红豆属 |

形态特征

常绿乔木，高16 m，胸径可达40 cm；树皮灰绿色，奇数羽状复叶，长13~35 cm；小叶2~3对，革质，椭圆形或长圆状椭圆形。圆锥花序顶生，或总状花序腋生，密被淡褐色茸毛。荚果扁平，长椭圆形，果瓣革质，厚2~3 mm，紫褐色，无毛，内壁有横隔膜，有种子4~8粒，稀1~2粒；种子椭圆形或卵形，种皮鲜红色，有光泽。花期7~8月，果期10~11月。

分布与生境

产于安徽、浙江、江西、湖南、湖北、广东、四川、贵州、云南。生于山坡、溪谷两旁杂木林内，海拔100~1 300 m，常与杉木、枫香、马尾松、合欢等混生。

经济用途

木材致密坚重，纹理美丽，可作轴承及细木家具用材；根、枝、叶入药，能祛风散结，解毒去瘀；又为绿化或防火树种。枝条折断时有臭气，浙南俗称"臭桶柴"。

160 翅荚香槐

| 学名 | Cladrastis platycarpa | 科名 | 豆科 | 属名 | 香槐属 |

形态特征

大乔木，高30 m，胸径80~120 cm；树皮暗灰色，多皮孔。奇数羽状复叶；小叶3~4对，互生或近对生，长椭圆形或卵状长圆形。圆锥花序长30 cm，径15 cm，花冠白色，芳香，旗瓣长圆形。荚果扁平，长椭圆形或长圆形，两侧具翅，不开裂，有种子1~2粒，稀4粒；种子长圆形，压扁，种皮深褐色或黑色。花期4~6月，果期7~10月。

分布与生境

产于江苏、浙江、湖南、广东、广西、贵州、云南。生于山谷疏林中和村庄附近的山坡杂木林中，海拔1 000 m以下。

经济用途

材质致密坚重，可作建筑用材或提取黄色染料。

161 香槐

| 学名 | Cladrastis wilsonii | 科名 | 豆科 | 属名 | 香槐属 |

形态特征

落叶乔木，高达16 m，茎周长达1.3 m；奇数羽状复叶，小叶4~5对，纸质，互生，卵形或长圆状卵形，顶生小叶较大，有时呈倒卵状。圆锥花序顶生或腋生，花冠白色，旗瓣椭圆形或卵状椭圆形。荚果长圆形，扁平，先端圆形，具喙尖，基部渐狭，两侧无翅，稍增厚，有种子2~4粒；种子肾形，种脐微凹，种皮灰褐色。花期5~7月，果期8~9月。

分布与生境

产于山西、陕西、河南、安徽、浙江、江西、福建、湖北、湖南、广西、四川、贵州、云南。多生于山地沟谷杂木林中或落叶阔叶林中，海拔1 000~1 500 m。

经济用途

材质致密坚重，可作建筑用材或提取黄色染料。

162 白刺花

| 学名 | Sophora davidii | 科名 | 豆科 | 属名 | 槐属 |

形态特征

灌木或小乔木，高1~2 m，有时3~4 m；羽状复叶；托叶钻状，部分变成刺，疏被短柔毛，宿存；小叶5~9对，形态多变，一般为椭圆状卵形或倒卵状长圆形。总状花序着生于小枝顶端；花小，花冠白色或淡黄色，有时旗瓣稍带红紫色，旗瓣倒卵状长圆形。荚果非典型串珠状，稍压扁，有种子3~5粒；种子卵球形，深褐色。花期3~8月，果期6~10月。

分布与生境

产于华北、陕西、甘肃、河南、江苏、浙江、湖北、湖南、广西、四川、贵州、云南、西藏。生于河谷沙丘和山坡路边的灌木丛中，海拔2 500 m以下。

经济用途

本种耐旱性强，是水土保持树种之一，也可供观赏。

163 苦参

| 学名 | *Sophora flavescens* | 科名 | 豆科 | 属名 | 槐属 |

形态特征

草本或亚灌木，稀呈灌木状，通常高1 m左右，稀达2 m。茎具纹棱，幼时疏被柔毛，后无毛。羽状复叶长达25 cm；托叶披针状线形，互生或近对生，纸质，形状多变，椭圆形、卵形、披针形至披针状线形。总状花序顶生，长15~25 cm；花萼钟状，白色或淡黄白色，旗瓣倒卵状匙形。荚果种子间稍缢缩，呈不明显串珠状，稍四棱形，种子长卵形，稍压扁，深红褐色或紫褐色。花期6~8月，果期7~10。

分布与生境

产于我国南北各省区，生于海拔1 500 m以下山坡、沙地、草坡灌木林中或田野附近。

经济用途

根含苦参碱（matrine）和金雀花碱（cytisine）等，入药有清热利湿、抗菌消炎、健胃驱虫之效，常用做治疗皮肤瘙痒、神经衰弱、消化不良及便秘等症；种子可作农药；茎皮纤维可织麻袋等。

164 紫藤

| 学名 | Wisteria sinensis | 科名 | 豆科 | 属名 | 紫藤属 |

形态特征

落叶藤本。茎左旋，枝较粗壮，嫩枝被白色柔毛，后秃净。奇数羽状复叶，小叶3~6对，纸质，卵状椭圆形至卵状披针形，上部小叶较大。总状花序发自去年生短枝的腋芽或顶芽，花冠紫色，旗瓣圆形，先端略凹陷，花开后反折，基部有2胼胝体。荚果倒披针形，悬垂枝上不脱落，有种子1~3粒；种子褐色，具光泽，圆形，扁平。花期4月中旬至5月上旬，果期5~8月。

分布与生境

产于河北以南黄河、长江流域及陕西、河南、广西、贵州、云南等地。

经济用途

本种我国自古即栽培作庭园棚架植物，先叶后花，紫穗满垂缀以稀疏嫩叶，十分优美。

165 黄檀

| 学名 | Dalbergia hupeana | 科名 | 豆科 | 属名 | 黄檀属 |

形态特征

乔木，高10~20 m；树皮暗灰色，呈薄片状剥落。幼枝淡绿色，无毛。羽状复叶长15~25 cm；小叶3~5对，近革质，椭圆形至长圆状椭圆形。圆锥花序顶生或生于最上部的叶腋间，花密集，花冠白色或淡紫色，长倍于花萼，各瓣均具柄，旗瓣圆形，先端微缺，翼瓣倒卵形，龙骨瓣半月形。荚果长圆形或阔舌状，顶端急尖，基部渐狭成果颈，果瓣薄革质，种子部分有网纹，种子肾形。花期5~7月。

分布与生境

产于山东、江苏、安徽、浙江、江西、福建、湖北、湖南、广东、广西、四川、贵州、云南。生于山地林中或灌丛中，山沟溪旁及有小树林的坡地常见，海拔600~1 400 m。

经济用途

本种在我国分布颇广。木材黄色或白色，材质坚密，能耐强力冲撞，常用作车轴、榨油机轴心、枪托、各种工具柄等；根药用，可治疗疮。

166 杭子梢

| 学名 | *Campylotropis macrocarpa* | 科名 | 豆科 | 属名 | 杭子梢属 |

形态特征

灌木，高1~2(3)m。小枝贴生或近贴生短或长柔毛，嫩枝毛密，少有具绒毛，老枝常无毛。羽状复叶具3小叶；托叶狭三角形、披针形或披针状钻形，小叶椭圆形或宽椭圆形，有时过渡为长圆形。总状花序单一（稀二）腋生并顶生，花序连总花梗长4~10 cm或有时更长，花序轴密生开展的短柔毛或微柔毛，总花梗常斜生或贴生短柔毛，花冠紫红色或近粉红色。荚果长圆形、近长圆形或椭圆形，先端具短喙尖。花、果期5~10月。

分布与生境

产于河北、山西、陕西、甘肃、山东、江苏、安徽、浙江、江西、福建、河南、湖北、湖南、广西、四川、贵州、云南、西藏等省（区）。生于山坡、灌丛、林缘、山谷沟边及林中，海拔150~1 900 m，稀达2 000 m以上。

167 多花木蓝

| 学名 | Indigofera amblyantha | 科名 | 豆科 | 属名 | 木蓝属 |

形态特征

直立灌木，高0.8~2 m；少分枝。茎褐色或淡褐色，圆柱形，幼枝禾秆色，具棱，密被白色平贴丁字毛，后变无毛。羽状复叶，小叶3~5对，对生，稀互生，形状、大小变异较大，通常为卵状长圆形、长圆状椭圆形、椭圆形或近圆形。总状花序腋生，近无总花梗；苞片线形，花冠淡红色，旗瓣倒阔卵形。荚棕褐色，线状圆柱形，被短丁字毛，种子间有横隔，内果皮无斑点；种子褐色，长圆形。花期5~7月，果期9~11月。

分布与生境

产于山西、陕西、甘肃、河南、河北、安徽、江苏、浙江、湖南、湖北、贵州、四川。生于山坡草地、沟边、路旁灌丛中及林缘，海拔600~1 600 m。

经济用途

全草入药，有清热解毒、消肿止痛之效。

168 马棘

| 学名 | Indigofera pseudotinctoria | 科名 | 豆科 | 属名 | 木蓝属 |

形态特征

小灌木，高1~3 m；多分枝。枝细长，幼枝灰褐色，明显有棱，被丁字毛。羽状复叶，小叶3~5对，对生，椭圆形、倒卵形或倒卵状椭圆形。总花梗短于叶柄，花冠淡红色或紫红色，旗瓣倒阔卵形。荚果线状圆柱形，顶端渐尖，幼时密生短丁字毛，种子间有横隔，仅在横隔上有紫红色斑点；果梗下弯；种子椭圆形。花期5~8月，果期9~10月。

分布与生境

产于江苏、安徽、浙江、江西、福建、湖北、湖南、广西、四川、贵州、云南。生于海拔100~1 300 m山坡林缘及灌木丛中。

经济用途

根供药用，能清热解表、活血祛瘀。

169 葛藤

| 学名 | *Argyreia seguinii* | 科名 | 旋花科 | 属名 | 银背藤属 |

形态特征

藤本，高达3 m。茎圆柱形，被短绒毛。叶互生，宽卵形，先端锐尖或渐尖，基部圆形或微心形，叶面无毛，背面被灰白色绒毛。聚伞花序腋生，总花梗短，密被灰白色绒毛，花冠长10~12 mm，紫色，旗瓣倒卵形。荚果长椭圆形，扁平，被褐色长硬毛。花期9~10月，果期11~12月。

分布与生境

产于贵州、广西及云南东南部。生于海拔1 000~1 300 m的路边灌丛中。

经济用途

广西以全株入药，有驳骨、止血生肌、收敛、清心润肺、止咳、治内伤的功效。

170 绒毛胡枝子

| 学名 | *Lespedeza tomentosa* | 科名 | 豆科 | 属名 | 胡枝子属 |

形态特征

灌木，高达1 m。全株密被黄褐色绒毛。茎直立，单一或上部少分枝。托叶线形，长约4 mm；羽状复叶具3小叶；小叶质厚，椭圆形或卵状长圆形。总状花序顶生或于茎上部腋生；总花梗粗壮，花冠黄色或黄白色，旗瓣椭圆形。荚果倒卵形，先端有短尖，表面密被毛。花期6~7月，果期8~9月。

分布与生境

除新疆及西藏外全国各地普遍生长，生于海拔1 000 m以下的干山坡草地及灌丛间。

经济用途

既是水土保持植物，又可做饲料及绿肥；根药用，健脾补虚，有增进食欲及滋补之效。

171 | 绿叶胡枝子

| 学名 | *Lespedeza buergeri* | 科名 | 豆科 | 属名 | 胡枝子属 |

形态特征

直立灌木，高1~3 m。枝灰褐色或淡褐色，被疏毛。小叶卵状椭圆形，先端急尖，基部稍尖或钝圆，上面鲜绿色，光滑无毛，下面灰绿色，密被贴生的毛。总状花序腋生，在枝上部者构成圆锥花序，花冠淡黄绿色。荚果长圆状卵形，长约15 mm，表面具网纹和长柔毛。花期6~7月，果期8~9月。

分布与生境

产于山西、陕西、甘肃、江苏、安徽、浙江、江西、台湾、河南、湖北、四川等省。生于海拔1 500m以下山坡、林下、山沟和路旁。

172 胡枝子

学名 *Lespedeza bicolora*　　**科名** 豆科　　**属名** 胡枝子属

形态特征

直立灌木，高1~3 m。多分枝，小枝黄色或暗褐色，有条棱，被疏短毛。羽状复叶具3小叶，小叶质薄，卵形、倒卵形或卵状长圆形。总状花序腋生，比叶长，常构成大型、较疏松的圆锥花序，花冠红紫色，极稀白色。荚果斜倒卵形，稍扁表面具网纹，密被短柔毛。花期7~9月，果期9~10月。

分布与生境

产于黑龙江、吉林、辽宁、河北、内蒙古、山西、陕西、甘肃、山东、江苏、安徽、浙江、福建、台湾、河南、湖南、广东、广西等省（区）。生于海拔150~1 000 m的山坡、林缘、路旁、灌丛及杂木林间。

经济用途

种子油可供食用或作机器润滑油，叶可代茶，枝可编筐；性耐旱，是防风、固沙及水土保持植物，为营造防护林及混交林的伴生树种。

173 美丽胡枝子

| 学名 | *Lespedeza formosa* | 科名 | 豆科 | 属名 | 胡枝子属 |

形态特征

　　直立灌木，高1~2 m。多分枝，枝伸展，被疏柔毛。复叶3小叶，小叶椭圆形、长圆状椭圆形或卵形，稀倒卵形，两端稍尖或稍钝。总状花序单一，腋生，比叶长，或构成顶生的圆锥花序，花冠红紫色。荚果倒卵形或倒卵状长圆形，表面具网纹且被疏柔毛。花期7~9月，果期9~10月。

分布与生境

　　产于河北、陕西、甘肃、山东、江苏、安徽、浙江、江西、福建、河南、湖北、湖南、广东、广西、四川、云南等省（区）。生于海拔2 800 m以下山坡、路旁及林缘灌丛中。

174 达乌里胡枝子

| 学名 | *Lespedeza potaninii* | 科名 | 豆科 | 属名 | 胡枝子属 |

形态特征

半灌木，高20~60 cm。茎斜升或平卧，基部多分枝，有细棱，被粗硬毛。羽状复叶具3小叶，小叶狭长圆形，稀椭圆形至宽椭圆形。总状花序腋生；总花梗长，明显超出叶；花疏生，花冠黄白色，稍超出萼裂片。荚果倒卵形，双凸镜状，密被粗硬毛，包于宿存萼内。花期7~9月，果期9~10月。

分布与生境

产于辽宁（西部）、内蒙古、河北、山西、陕西、宁夏、甘肃、青海、山东、江苏、河南、四川、云南、西藏等省（区）。生于荒漠草原、草原带的沙质地、砾石地、丘陵地、石质山坡及山麓。

经济用途

优质饲用植物；性耐干旱，可作水土保持及固沙植物。

175 截叶铁扫帚

| 学名 | Lespedeza cuneata | 科名 | 豆科 | 属名 | 胡枝子属 |

形态特征

小灌木，高达1 m。茎直立或斜升，被毛；上部分枝，分枝斜上举。叶密集，柄短；小叶楔形或线状楔形，先端截形或近截形，具小刺尖。总状花序腋生，具2~4朵花，花冠淡黄色或白色，旗瓣基部有紫斑。荚果宽卵形或近球形，被伏毛。花期7~8月，果期9~10月。

分布与生境

产于陕西、甘肃、山东、台湾、河南、湖北、湖南、广东、四川、云南、西藏等省（区）。生于海拔2 500 m以下的山坡、路旁。

176 中华胡枝子

| 学名 | *Lespedeza chinensis* | 科名 | 豆科 | 属名 | 胡枝子属 |

形态特征

小灌木，高达1 m。全株被白色伏毛，茎下部毛渐脱落，茎直立或铺散；分枝斜升，被柔毛。羽状复叶具3小叶，小叶倒卵状长圆形、长圆形、卵形或倒卵形。总状花序腋生，不超出叶，少花；总花梗极短，花冠白色或黄色，旗瓣椭圆形。荚果卵圆形，先端具喙，基部稍偏斜，表面有网纹，密被白色伏毛。花期8~9月，果期10~11月。

分布与生境

产于江苏、安徽、浙江、江西、福建、台湾、湖北、湖南、广东、四川等省。生于海拔2 500 m以下的灌木丛、林缘、路旁、山坡、林下草丛等处。

177 黄山溲疏

| 学名 | *Deutzia glauca* Cheng | 科名 | 虎耳草科 | 属名 | 溲疏属 |

形态特征

灌木，高1.5~2 m。老枝黄绿色或褐色，表皮缓慢脱落，无毛。叶纸质，卵状长圆形或卵状椭圆形，稀卵状披针形。圆锥花序，具多花，无毛；花蕾长圆形，花瓣白色，长圆形或狭椭圆状菱形。蒴果半球形，高约4 mm，直径约7 mm。花期5~6月，果期8~9月。

分布与生境

产于安徽、河南、湖北、浙江、江西等省。生于海拔600~1 200 m林中。

178 小花溲疏

学名 *Deutzia parviflora*　科名 虎耳草科　属名 溲疏属

形态特征

灌木，高约2 m。老枝灰褐色或灰色，表皮片状脱落。叶纸质，卵形、椭圆状卵形或卵状披针形，先端急尖或短渐尖，基部阔楔形或圆形，边缘具细锯齿。伞房花序，多花，花瓣白色，阔倒卵形或近圆形。蒴果球形，直径2~3 mm。花期5~6月，果期8~10月。

分布与生境

产于吉林、辽宁、内蒙古、河北、山西、陕西、甘肃、河南、湖北等省（区）。生于海拔1 000~1 500 m山谷、林缘。

179 山梅花

| 学名 | *Philadelphus incanus* | 科名 | 虎耳草科 | 属名 | 山梅花属 |

形态特征

灌木，高1.5~3.5 m。二年生小枝灰褐色，表皮呈片状脱落，当年生小枝浅褐色或紫红色，被微柔毛或有时无毛。叶卵形或阔卵形。总状花序有花5~7（~11）朵，下部的分枝有时具叶；花瓣白色，卵形或近圆形，基部急收狭。蒴果倒卵形，种子具短尾。花期5~6月，果期7~8月。

分布与生境

产于山西、陕西、甘肃、河南、湖北、安徽和四川。生于海拔1 200~1 700 m林缘灌丛中。

经济用途

本种花多，花期较长，常用作庭园观赏植物。

180 圆锥绣球

| 学名 | Hydrangea paniculata | 科名 | 虎耳草科 | 属名 | 绣球属 |

形态特征

灌木或小乔木，高1~5 m，有时达9 m，胸径约20 cm。枝暗红褐色或灰褐色；叶纸质，2~3片对生或轮生，卵形或椭圆形。圆锥状聚伞花序尖塔形，长达26 cm；花瓣白色，卵形或卵状披针形。蒴果椭圆形。种子褐色，扁平，具纵脉纹，轮廓纺锤形，两端具翅。花期7~8月，果期10~11月。

分布与生境

产于西北（甘肃）、华东、华中、华南、西南等地区。生于海拔360~2 100 m山谷、山坡疏林下或山脊灌丛中。

181 中国绣球

| 学名 | Hydrangea chinensis | 科名 | 虎耳草科 | 属名 | 绣球属 |

形态特征

灌木，高0.5~2 m。一年生或二年生小枝红褐色或褐色。叶薄纸质至纸质，长圆形或狭椭圆形，有时近倒披针形，先端渐尖或短渐尖，具尾状尖头或短尖头。伞状或伞房状聚伞花序顶生，花瓣黄色，椭圆形或倒披针形。蒴果卵球形，稍长于萼筒；种子淡褐色，椭圆形、卵形或近圆形，无翅，具网状脉纹。花期5~6月，果期9~10月。

分布与生境

产于台湾（台北、宜兰）、福建西北部、浙江东北部至西北部、安徽（黄山、金寨）、江西大部分地区、湖南西北部至西南部、广西东南部和东北部至北部和西北部。生于海拔360~2 000 m山谷、溪边疏林或密林，山坡、山顶灌丛或草丛中。

182 钻地风

| 学名 | *Schizophragma integrifolium* | 科名 | 虎耳草科 | 属名 | 钻地风属 |

形态特征

木质藤本或藤状灌木。小枝褐色，无毛，具细条纹。叶纸质，椭圆形、长椭圆形或阔卵形，先端渐尖或急尖，具狭长或阔短尖头。伞房状聚伞花序密被褐色、紧贴短柔毛，黄白色。蒴果钟状或陀螺状，较小，基部稍宽，阔楔形，顶端突出部分短圆锥形，种子褐色，连翅轮廓纺锤形或近纺锤形。花期6~7月，果期10~11月。

分布与生境

产于四川、云南、贵州、广西、广东、海南、湖南、湖北、江西、福建、江苏、浙江、安徽等省（区）。生于海拔200~2 000 m山谷、山坡密林或疏林中，常攀缘于岩石或乔木上。

183 | 赤壁木

| 学名 | Decumaria sinensis | 科名 | 虎耳草科 | 属名 | 赤壁木属 |

形态特征

攀缘灌木，长2~5 m。小枝圆柱形，灰棕色，嫩枝疏被长柔毛，老枝无毛，节稍肿胀。叶薄革质，倒卵形、椭圆形或倒披针状椭圆形，先端钝或急尖。伞房状圆锥花序，花白色，芳香。蒴果钟状或陀螺状，先端截形，具宿存花柱和柱头，暗褐色，有隆起的脉纹或棱条，种子细小，两端尖，有白翅。花期3~5月，果期8~10月。

分布与生境

产于陕西、甘肃、湖北、四川、贵州。生于海拔600~1 300 m山坡岩石缝的灌丛中。

184 茶藨子

| 学名 | *Ribes nigrum* | 科名 | 虎耳草科 | 属名 | 茶藨子属 |

形态特征

落叶直立灌木，高1~2 m；小枝暗灰色或灰褐色，无毛，皮通常不裂，幼枝褐色或棕褐色，具疏密不等的短柔毛，被黄色腺体，无刺。叶近圆形，掌状3~5浅裂。总状花序长，下垂或呈弧形，具花4~12朵，花瓣卵圆形或卵状椭圆形。果实近圆形，熟时黑色，疏生腺体。花期5~6月，果期7~8月。

分布与生境

产于黑龙江、内蒙古、新疆等省（区），生于湿润谷底、沟边或坡地云杉林、落叶松林或针、阔混交林下。

经济用途

喜光、耐寒，用种子、扦插或压条均可繁殖，栽培和管理容易，经济价值高，适宜在北方寒冷地区发展。在黑龙江、辽宁、内蒙古等省（区）已大量引种栽培。果实富含多种维生素、糖类和有机酸等，尤其维生素C含量较高，主要供制作果酱、果酒及饮料等。

185 玉铃花

| 学名 | Styrax obassia | 科名 | 安息香科 | 属名 | 安息香属 |

形态特征

乔木或灌木，高10~14 m，胸径达15 cm。树皮灰褐色，平滑；嫩枝略扁，常被褐色星状长柔毛，成长后无毛。叶纸质，生于小枝最上部的互生，宽椭圆形或近圆形，顶端急尖或渐尖。花白色或粉红色，芳香，长1.5~2 cm，总状花序顶生或腋生。果实卵形或近卵形，顶端具短尖头，密被黄褐色星状短绒毛；种子长圆形，暗褐色，近平滑，无毛。花期5~7月，果期8~9月。

分布与生境

本种是本属植物分布至我国最北的一种。属阳性树种，生长在海拔700~1 500 m的林中，适于较平坦或稍倾斜的土地生长，以湿润而肥沃的土壤生长较好。

经济用途

木材为散孔材，边材和心材无区别，浅黄色至黄褐色，材质坚硬，富弹性，纹理致密，加工容易；木材可作器具材、雕刻材、旋作材等细工用材；花美丽、芳香，可提取芳香油及供观赏；种子油可供制肥皂及润滑油。

186 秤锤树

| 学名 | *Sinojackia xylocarpa* | 科名 | 安息香科 | 属名 | 秤锤树属 |

形态特征

乔木，高达7 m；胸径达10 cm。嫩枝密被星状短柔毛，灰褐色。叶纸质，倒卵形或椭圆形，顶端急尖。总状聚伞花序生于侧枝顶端，有花3~5朵，花冠裂片长圆状椭圆形，顶端钝。果实卵形，红褐色，有浅棕色的皮孔，无毛，顶端具圆锥状的喙，外果皮木质，不开裂，中果皮木栓质，内果皮木质，坚硬，种子长圆状线形，栗褐色。花期3~4月，果期7~9月。

分布与生境

产于江苏（南京），杭州、上海、武汉等曾有栽培。生于海拔500~800 m林缘或疏林中。

187 山矾

| 学名 | Symplocos sumuntia | 科名 | 山矾科 | 属名 | 山矾属 |

形态特征

乔木，嫩枝褐色。叶薄革质，卵形、狭倒卵形、倒披针状椭圆形。总状花序，花冠白色，5深裂几达基部，花盘环状，无毛。核果卵状坛形，外果皮薄而脆，顶端宿萼裂片直立，有时脱落。花期2~3月，果期6~7月。

分布与生境

产于江苏、浙江、福建、台湾、广东（海南）、广西、江西、湖南、湖北、四川、贵州、云南。生于海拔200~1 500 m的山林间。

经济用途

根、叶、花均可入药，叶可作媒染剂。

188 华山矾

| 学名 | *Symplocos chinensis* | 科名 | 山矾科 | 属名 | 山矾属 |

形态特征

灌木；嫩枝、叶柄、叶背均被灰黄色皱曲柔毛。叶纸质，椭圆形或倒卵形，先端急尖或短尖，有时圆。圆锥花序顶生或腋生。花序轴、苞片、萼外面均密被灰黄色皱曲柔毛，花冠白色，芳香。核果卵状圆球形，歪斜，被紧贴的柔毛，熟时蓝色，顶端宿萼裂片向内伏。花期4~5月，果期8~9月。

分布与生境

产于浙江、福建、台湾、安徽、江西、湖南、广东、广西、云南、贵州、四川等省（区）。生于海拔1 000 m以下的丘陵、山坡、杂林中。

经济用途

根可用于治疗疟疾、急性肾炎；叶捣烂，外敷治疮疡、跌打；叶研成末，治烧伤烫伤及外伤出血；取叶鲜汁，冲酒内服可治蛇伤；种子油制肥皂。

189 白檀

| 学名 | Symplocos paniculata | 科名 | 山矾科 | 属名 | 山矾属 |

形态特征

落叶灌木或小乔木；嫩枝有灰白色柔毛，老枝无毛。叶膜质或薄纸质，阔倒卵形、椭圆状倒卵形或卵形，先端急尖或渐尖。圆锥花序长，通常有柔毛；苞片早落，通常条形，有褐色腺点，花冠白色，5深裂几达基部。核果熟时蓝色，卵状球形，稍偏斜，顶端宿萼裂片直立。

分布与生境

产于东北、华北、华中、华南、西南各地。生于海拔760~2 500 m的山坡、路边、疏林或密林中。

经济用途

叶药用，根皮与叶作农药用。

190 灯台树

| 学名 | *Bothrocaryum controversum* | 科名 | 山茱萸科 | 属名 | 灯台树属 |

形态特征

落叶乔木，高6~15 m，稀达20 m。树皮光滑，暗灰色或黄灰色；枝开展，圆柱形，无毛或疏生短柔毛，当年生枝紫红绿色。叶互生，纸质，阔卵形、阔椭圆状卵形或披针状椭圆形；先端突尖。伞房状聚伞花序，顶生，花小，白色。核果球形，成熟时紫红色至蓝黑色；核骨质，球形，顶端有一个方形孔穴。花期5~6月，果期7~8月。

分布与生境

产于辽宁、河北、陕西、甘肃、山东、安徽、台湾、河南、广东、广西以及长江以南各省（区）。生于海拔250~2 600 m的常绿阔叶林或针阔叶混交林中。

经济用途

果实可以榨油，为木本油料植物；树冠形状美观，夏季花序明显，可以作为行道树种。

191 凉子市

| 学名 | Swida alba | 科名 | 山茱萸科 | 属名 | 梾木属 |

形态特征

灌木，高达3 m；树皮紫红色。幼枝有淡白色短柔毛，后即秃净而被蜡状白粉。叶对生，纸质，椭圆形，稀卵圆形，先端突尖。伞房状聚伞花序顶生，较密，花小，白色或淡黄白色。核果长圆形，微扁，成熟时乳白色或蓝白色，花柱宿存；核棱形，侧扁，两端稍尖呈喙状。花期6~7月，果期8~10月。

分布与生境

产于黑龙江、吉林、辽宁、内蒙古、河北、陕西、甘肃、青海、山东、江苏、江西等省（区）。生于海拔600~1 700 m（在甘肃可高达2 700 m）的杂木林或针阔叶混交林中。

经济用途

种子含油量约为30%，可供工业用；常引种栽培作庭园观赏植物。

192 四照花

| 学名 | Dendrobenthamia japonica | 科名 | 山茱萸科 | 属名 | 四照花属 |

形态特征

落叶小乔木；小枝纤细，幼时淡绿色，微被灰白色贴生短柔毛。叶对生，薄纸质，卵形或卵状椭圆形，先端渐尖，有尖尾。头状花序球形，由40~50朵花聚集而成，花小，花萼管状，上部4裂。果序球形，成熟时红色，微被白色细毛；总果梗纤细，近于无毛。花期5~6月，果期11~12月。

分布与生境

产于内蒙古、山西、陕西、甘肃、江苏、安徽、浙江、江西、福建、台湾、河南、湖北、湖南、四川、贵州、云南等省。生于海拔600~2 200 m的森林中。

经济用途

果实成熟时紫红色，味甜可食，可作为酿酒原料。

193 八角枫

| 学名 | Alangium chinense | 科名 | 八角枫科 | 属名 | 八角枫属 |

形态特征

落叶乔木或灌木，高3~5 m，稀达15 m，胸径20 cm。小枝略呈"之"字形，幼枝紫绿色，无毛或有稀疏的疏柔毛。叶纸质，近圆形或椭圆形、卵形，顶端短锐尖或钝尖。聚伞花序腋生，花瓣6~8个，线形，基部黏合，上部开花后反卷，外面有微柔毛，初为白色，后变黄色。核果卵圆形，成熟后黑色，顶端有宿存的萼齿和花盘，种子1颗。花期5~7月和9~10月，果期7~11月。

分布与生境

产于河南、陕西、甘肃、江苏、浙江、安徽、福建、台湾、江西、湖北、湖南、四川、贵州、云南、广东、广西和西藏南部。生于海拔1 800 m以下的山地或疏林中。

经济用途

本种药用，根名白龙须，茎名白龙条，治风湿、跌打损伤或用于外伤止血等。树皮纤维可编绳索，木材可作家具及天花板用材。

194 瓜木

| 学名 | Alangium platanifolium | 科名 | 八角枫科 | 属名 | 八角枫属 |

形态特征

落叶灌木或小乔木，高5~7 m；树皮平滑，灰色或深灰色。小枝纤细，近圆柱形，常稍弯曲，略呈"之"字形，当年生枝淡黄褐色或灰色，近无毛。叶纸质，近圆形，稀阔卵形或倒卵形，顶端钝尖，不分裂或稀分裂，分裂者裂片钝尖或锐尖至尾状锐尖，深仅达叶片长度的1/3~1/4，稀1/2。聚伞花序生于叶腋，花瓣6~7个，线形，紫红色，基部黏合，上部开花时反卷。核果长卵圆形或长椭圆形，顶端有宿存的花萼裂片，有短柔毛或无毛，有种子1颗。花期3~7月，果期7~9月。

分布与生境

产于吉林、辽宁、河北、山西、河南、陕西、甘肃、山东、浙江、台湾、江西、湖北、四川、贵州和云南东北部，生于海拔2 000 m以下土质比较疏松而肥沃的向阳山坡或疏林中。

经济用途

本种的树皮含鞣质，纤维可作人造棉，根、叶药用，治风湿和跌打损伤等病，还可以作农药。

195 毛八角枫

| 学名 | Alangium kurzii | 科名 | 八角枫科 | 属名 | 八角枫属 |

形态特征

落叶小乔木，稀灌木，高5~10 m；树皮深褐色，平滑。小枝近圆柱形；当年生枝紫绿色，有淡黄色绒毛和短柔毛。叶互生，纸质，近圆形或阔卵形，全缘。聚伞花序，有5~7朵花，花瓣6~8个，线形，基部黏合，上部开花时反卷，外面有淡黄色短柔毛，内面无毛，初白色，后变淡黄色。核果椭圆形或矩圆状椭圆形，幼时紫褐色，成熟后黑色。花期5~6月，果期9月。

分布与生境

产于江苏、浙江、安徽、江西、湖南、贵州、广东、广西。

经济用途

本种种子可榨油，供工业用。

196 通脱木

| 学名 | *Tetrapanax papyrifer* | 科名 | 五加科 | 属名 | 通脱木属 |

形态特征

常绿灌木或小乔木，高1~3.5 m，基部直径6~9 cm；树皮深棕色，略有皱裂。新枝淡棕色或淡黄棕色。叶大，集生茎顶；叶片纸质或薄革质，掌状5~11裂。圆锥花序长，分枝多，花淡黄白色。果实直径约4 mm，球形，紫黑色。花期10~12月，果期次年1~2月。

分布与生境

分布广。通常生于向阳肥厚的土壤中，有时栽培于庭园中，海拔自数十米至2 800 m。

经济用途

通脱木的茎髓大，质地轻软，颜色洁白，称为"通草"，切成的薄片称为"通草纸"，可供精制纸花和小工艺品原料。中药用通草作利尿剂，并有清凉、散热功效。

197 中华常春藤

| 学名 | *Hedera nepalensis* | 科名 | 五加科 | 属名 | 常春藤属 |

形态特征

常绿攀缘灌木，有气生根。一年生枝疏生锈色鳞片。叶片革质，在不育枝上通常为三角状卵形或三角状长圆形，稀三角形或箭形，边缘全缘或3裂，花枝上的叶片通常为椭圆状卵形至椭圆状披针形。伞形花序单个顶生，或2~7个总状排列或伞房状排列成圆锥花序，花淡黄白色或淡绿白色，芳香；萼密生棕色鳞片。果实球形，红色或黄色。花期9~11月，果期次年3~5月。

分布与生境

分布地区广。常攀缘于林缘树木、林下路旁、岩石和房屋墙壁上，庭园中也常栽培。垂直分布海拔自数十米起至3 500 m（四川大凉山、云南贡山）。

经济用途

常春藤全株供药用，有舒筋散风之效，茎叶捣碎可治衄血，也可治痈疽或其他初起肿毒。枝叶供观赏用。茎叶含鞣酸，可提制栲胶。

198 刺楸

| 学名 | *Kalopanax septemlobus* | 科名 | 五加科 | 属名 | 刺楸属 |

形态特征

落叶乔木，高约10 m，最高可达30 m，胸径达70 cm以上，树皮暗灰棕色。小枝淡黄棕色或灰棕色，散生粗刺；刺基部宽阔扁平。叶片纸质，在长枝上互生，在短枝上簇生，圆形或近圆形，掌状5~7浅裂。圆锥花序大，花白色或淡绿黄色。果实球形，蓝黑色；宿存花柱长2 mm。花期7~10月，果期9~12月。

分布与生境

分布广，北自东北起，南至广东、广西、云南，西自四川西部，东至海滨的广大区域内均有分布。多生于阳性森林、灌木林中和林缘。

经济用途

木材纹理美观，有光泽，易加工，供建筑、家具、车辆、乐器、雕刻、箱筐等用材。根、皮为民间草药，有清热祛痰、收敛镇痛之效。嫩叶可食。树皮及叶含鞣酸，可提制栲胶；种子可榨油，供工业用。

199 糙叶五加

| 学名 | Acanthopanax henryi | 科名 | 五加科 | 属名 | 五加属 |

形态特征

灌木，高1~3 m。枝疏生下曲粗刺；小枝密生短柔毛，后毛渐脱落。叶有小叶5枚，稀3枚；小叶片纸质，椭圆形或卵状披针形，稀倒卵形，先端尖或渐尖。伞形花序数个组成短圆锥花序，有花多数，花瓣开花时反曲。果实椭圆球形，黑色。花期7~9月，果期9~10月。

分布与生境

分布于山西、陕西、四川、湖北、河南、安徽和浙江。生于海拔1 000~3 200 m林缘或灌丛中。

200 楤木

| 学名 | Aralia chinensis | 科名 | 五加科 | 属名 | 楤木属 |

形态特征

灌木或乔木，高2~5 m，胸径达10~15 cm；树皮灰色，疏生粗壮直刺。小枝通常淡灰棕色，有黄棕色绒毛，疏生细刺。叶为二回或三回羽状复叶，羽片有小叶5~11枚，小叶片纸质至薄革质，卵形、阔卵形或长卵形。圆锥花序大，密生淡黄棕色或灰色短柔毛，花白色，芳香。果实球形，黑色。花期7~9月，果期9~12月。

分布与生境

分布广。生于森林、灌丛或林缘路边，垂直分布于海滨，至海拔2 700 m。

经济用途

本种为常用的中草药，有镇痛消炎、祛风行气、祛湿活血之效，根、皮治胃炎、肾炎及风湿疼痛，亦可外敷治疗刀伤。

201 金银市

| 学名 | Lonicera maackii | 科名 | 忍冬科 | 属名 | 忍冬属 |

形态特征

落叶灌木，高达6 m，茎干直径达10 cm。凡幼枝、叶两面脉上、叶柄、苞片、小苞片及萼檐外面都被短柔毛和微腺毛。叶纸质，形状变化较大，通常卵状椭圆形至卵状披针形，稀矩圆状披针形或倒卵状矩圆形。花芳香，生于幼枝叶腋，花冠先白色后变黄色。果实暗红色，圆形。花期5~6月，果期8~10月。

分布与生境

产于东北三省的东部，河北、山西、陕西、甘肃东南部、山东、江苏、安徽、浙江北部、河南、湖北、湖南、四川、贵州、云南及西藏。生于林中或林缘溪流附近的灌木丛中，海拔达1 800 m。

经济用途

茎皮可制人造棉，花可提取芳香油，种子榨成的油可制肥皂。

202 金银花

| 学名 | *Lonicera japonica* | 科名 | 忍冬科 | 属名 | 忍冬属 |

形态特征

半常绿藤本。幼枝橘红褐色,密被黄褐色柔毛。叶纸质,卵形至矩圆状卵形,有时卵状披针形,稀圆卵形或倒卵形。总花梗通常单生于小枝上部叶腋,花冠白色,有时基部向阳面呈微红色,后变黄色。果实圆形,熟时蓝黑色,有光泽;种子卵圆形或椭圆形,褐色。花期4~6月,果熟期10~11月。

分布与生境

除黑龙江、内蒙古、宁夏、青海、新疆、海南和西藏无自然生长外,全国各省均有分布。生于山坡灌丛或疏林中,乱石堆、路旁及村庄篱笆边,海拔最高达1 500 m。

经济用途

金银花性甘寒,具清热解毒、消炎退肿功能,对细菌性痢疾和各种化脓性疾病都有疗效。

203 金花忍冬

| 学名 | *Lonicera chrysantha* | 科名 | 忍冬科 | 属名 | 忍冬属 |

形态特征

落叶灌木，高达4 m。幼枝、叶柄和总花梗常被开展的直糙毛、微糙毛和腺。叶纸质，菱状卵形、菱状披针形、倒卵形或卵状披针形。总花梗细，长1.5~4 cm，花冠先白色后变黄色。果实红色，圆形。花期5~6月，果熟期7~9月。

分布与生境

产于我国北部及西部多省。生于海拔250~2 000 m沟谷、林下或林缘灌丛中，在四川、甘肃和青海可达海拔3 000 m。

204 | 郁香忍冬

学名 *Lonicera fragrantissima Lindl.et Paxt.*　科名 忍冬科　属名 忍冬属

形态特征

半常绿或有时落叶灌木，高达2 m；幼枝无毛或疏被倒刚毛，间或夹杂短腺毛，毛脱落后留有小瘤状突起，老枝灰褐色；叶厚纸质或带革质，形态变异很大，从倒卵状椭圆形、椭圆形、圆卵形、卵形至卵状矩圆形，花先于叶或与叶同时开放，芳香，花冠白色或淡红色，果实鲜红色，矩圆形，长约1 cm，部分连合；种子褐色，稍扁，矩圆形，长约3.5 mm，有细凹点。花期2～4月，果熟期4～5月。

分布与生境

产于河北、河南、湖北、安徽、浙江及江西。喜光，也耐阴，喜肥沃湿润土壤。耐寒，忌涝。

经济用途

适宜庭院、草坪边缘、园路旁、转角一隅、假山前后及亭际附近栽植。根、嫩枝、叶(破骨风)性甘、凉，可祛风除湿、清热止痛，用于治疗风湿关节痛、疔疮等。

205 锦带花

| 学名 | Weigela florida | 科名 | 忍冬科 | 属名 | 锦带花属 |

形态特征

　　落叶灌木，高达1~3 m；树皮灰色。幼枝稍四方形，有2列短柔毛。叶矩圆形、椭圆形至倒卵状椭圆形，顶端渐尖。花单生或成聚伞花序生于侧生短枝的叶腋或枝顶；萼筒长圆柱形，花冠紫红色或玫瑰红色。果实顶有短柄状喙，疏生柔毛；种子无翅。花期4~6月。

分布与生境

　　产于黑龙江、吉林、辽宁、内蒙古、山西、陕西、河南、山东北部、江苏北部等地。生于海拔100~1 450 m的杂木林下或山顶灌木丛中。

206 | 荚蒾

| 学名 | *Viburnum dilatatum* | 科名 | 忍冬科 | 属名 | 荚蒾属 |

形态特征

落叶灌木，高1.5~3 m。当年小枝连同芽、叶柄和花序均密被土黄色或黄绿色开展的小刚毛状粗毛及簇状短毛。叶纸质，宽倒卵形、倒卵形或宽卵形。复伞形式聚伞花序稠密，生于具1对叶的短枝之顶，花冠白色。果实红色，椭圆状卵圆形，核扁，卵形。花期5~6月，果熟期9~11月。

分布与生境

产于河北南部、陕西南部、江苏、安徽、浙江、江西、福建、台湾、河南南部、湖北、湖南、广东北部、广西北部、四川、贵州及云南（保山）。生于海拔100~1 000 m山坡或山谷疏林下、林缘及山脚灌丛中。

经济用途

韧皮纤维可制绳和人造棉。种子含油10.03%~12.91%，可制肥皂和润滑油。果可食，亦可酿酒。

207 宜昌荚蒾

| 学名 | *Viburnum erosum* | 科名 | 忍冬科 | 属名 | 荚蒾属 |

形态特征

落叶灌木,高达3 m。当年小枝连同芽、叶柄和花序均密被簇状短毛和简单长柔毛。叶纸质,形状变化很大,卵状披针形、卵状矩圆形、狭卵形、椭圆形或倒卵形。复伞形式聚伞花序生于具1对叶的侧生短枝之顶,花冠白色,辐状。果实红色,宽卵圆形,核扁,具3条浅腹沟和2条浅背沟。花期4~5月,果熟期8~10月。

分布与生境

产于陕西南部、山东(崂山)、江苏南部、安徽南部和西部、浙江、江西、福建、台湾、河南、湖北、湖南、广东北部、广西北部、四川、贵州和云南。生于海拔300~1800 m山坡林下或灌丛中。

经济用途

种子含油约40%,供制肥皂和润滑油。茎皮纤维可制绳索及造纸;枝条供编织用。

208 蝴蝶戏珠花

| 学名 | *Viburnum plicatum var. tomentosum* | 科名 | 忍冬科 | 属名 | 荚蒾属 |

形态特征

落叶灌木，叶较狭，宽卵形或矩圆状卵形，有时椭圆状倒卵形，两端有时渐尖，下面常带绿白色。花冠直径达4 cm，具不整齐4~5裂；中央可孕花直径约3 mm，萼筒长约15 mm，花冠辐状，黄白色，裂片宽卵形，长约等于筒，雄蕊高出花冠。果实先红色后变黑色，宽卵圆形或倒卵圆形，核扁，两端钝形。花期4~5月，果熟期8~9月。

分布与生境

产于陕西南部、安徽南部和西部、浙江、江西、福建、台湾、河南、湖北、湖南、广东北部、广西东北部、四川、贵州。生于海拔240~1 800 m的山坡、山谷混交林内及沟谷旁灌丛中。

经济用途

蝴蝶戏珠花花型如盘，真花如珠，装饰花似粉蝶，远眺酷似群蝶戏珠，惟妙惟肖。适于庭园配植，春夏赏花，秋冬观果。根及茎可药用。

209 鸡树条荚蒾

| 学名 | Viburnum opulus | 科名 | 忍冬科 | 属名 | 荚蒾属 |

形态特征

树皮质厚而多少呈木栓质。小枝、叶柄和总花梗均无毛。叶下面仅脉腋集聚簇状毛或有时脉上亦有少数长伏毛。花药紫红色。

分布与生境

产于黑龙江、吉林、辽宁、河北北部、山西、陕西南部、甘肃南部、河南西部、山东、安徽南部和西部、浙江西北部、江西（黄龙山）、湖北和四川。生于海拔1 000~1 650 m溪谷边疏林下或灌丛中，日本、朝鲜和苏联西伯利亚东南部也有分布。

经济用途

种子含油26%~28%，供制肥皂和润滑油。本种也是良好的庭园绿化树种。

210 | 琼花

| 学名 | *Viburnum macrocephalum' Keteleeri'* | 科名 | 忍冬科 | 属名 | 荚蒾属 |

形态特征

聚伞花序仅周围具大型的不孕花，花冠直径3~4.2 cm，裂片倒卵形或近圆形，顶端常凹缺；可孕花的萼齿卵形，长约1 mm，花冠白色，辐状，直径7~10 mm，裂片宽卵形，长约2.5 mm，筒部长约1.5 mm，雄蕊稍高出花冠，花药近圆形，长约1 mm。果实先红色而后变黑色，椭圆形，长约12 mm；核扁，矩圆形至宽椭圆形，长10~12 mm，直径6~8 mm，有2条浅背沟和3条浅腹沟。花期4月，果熟期9~10月。

分布与生境

产于江苏南部、安徽西部、浙江、江西西北部、湖北西部及湖南南部。生于丘陵、山坡林下或灌丛中。

经济用途

花于早春开放，为北方园林绿化中的佳品。

211 香荚蒾

| 学名 | *Viburnum farreri* | 科名 | 忍冬科 | 属名 | 荚蒾属 |

形态特征

落叶灌木，高达5 m。当年小枝绿色，近无毛。叶纸质，椭圆形或菱状倒卵形。圆锥花序生于能生幼叶的短枝之顶，有多数花，花冠蕾时粉红色，开后变白色，高脚碟状。果实紫红色，矩圆形，核扁，有1条深腹沟。花期4~5月。

分布与生境

产于甘肃（华亭、皋兰）、青海（西宁）及新疆（天山），生于海拔1 650~2 750 m山谷林中。

经济用途

花于早春开放，为北方园林绿化中的佳品。

212 南方六道木

| 学名 | *Abelia dielsiii* | 科名 | 忍冬科 | 属名 | 六道木属 |

形态特征

　　落叶灌木，高2~3 m。当年小枝红褐色，老枝灰白色。叶长卵形、矩圆形、倒卵形、椭圆形至披针形。花2朵生于侧枝顶部叶腋，花冠白色，后变浅黄色。果实长1~1.5 cm，种子柱状。花期4月下旬至6月上旬，果熟期8~9月。

分布与生境

　　产于我国黄河以南的河北、山西、陕西、宁夏南部、甘肃东南部、安徽、浙江、江西、福建、河南、湖北、四川、贵州、云南及西藏等省（区）。生于海拔800~3 700 m的山坡灌丛、路边林下及草地。

213 接骨市

| 学名 | Sambucus williamsii | 科名 | 忍冬科 | 属名 | 接骨木属 |

形态特征

　　落叶灌木或小乔木，高5~6 m。老枝淡红褐色，具明显的长椭圆形皮孔，髓部淡褐色。羽状复叶有小叶2~3对，侧生小叶片卵圆形、狭椭圆形至倒矩圆状披针形。花与叶同出，圆锥形聚伞花序顶生，花冠蕾时带粉红色，开后白色或淡黄色，筒短，裂片矩圆形或长卵圆形。果实红色，极少蓝紫黑色，卵圆形或近圆形。花期一般4~5月，果熟期9~10月。

分布与生境

　　产于黑龙江、吉林、辽宁、河北、山西、陕西、甘肃、山东、江苏、安徽、浙江、福建、河南、湖北、湖南、广东、广西、四川、贵州及云南等省（区）。生于海拔540~1 600 m的山坡、灌丛、沟边、路旁、宅边等地。

214 枫香树

| 学名 | Liquidambar formosana | 科名 | 金缕梅 | 属名 | 枫香树属 |

形态特征

落叶乔木，高达30 m，胸径最大可达1 m，树皮灰褐色，方块状剥落。叶薄革质，阔卵形，掌状3裂，中央裂片较长。雄性短穗状花序常多个排成总状，雌性头状花序有花24~43朵。头状果序圆球形，木质；种子多数，褐色，多角形或有窄翅。4月上旬开花，10月下旬果实成熟。

分布与生境

产于我国秦岭及淮河以南各省，北起河南、山东，东至台湾，西至四川、云南及西藏，南至广东；亦见于越南北部、老挝及朝鲜南部。性喜阳光，多生于平地、村落附近及低山的次生林。

经济用途

树脂供药用，能解毒止痛，止血生肌；根、叶及果实亦入药，有祛风除湿，通络活血功效。木材稍坚硬，可制家具及贵重商品的装箱。

215 檵木

| 学名 | Loropetalum chinense | 科名 | 金缕梅科 | 属名 | 檵木属 |

形态特征

灌木，有时为小乔木，多分枝，小枝有星毛。叶革质，卵形。花3~8朵簇生，有短花梗，白色，比新叶先开放。蒴果卵圆形，先端圆，被褐色星状绒毛，萼筒长为蒴果的2/3。种子卵圆形，黑色，发亮。花期3~4月。

分布与生境

分布于我国中部、南部及西南各省。喜生于向阳的丘陵及山地，亦常出现在马尾松林及杉林下，是一种常见的灌木，唯在北回归线以南未见它的踪迹。

经济用途

本种植物可供药用。叶用于止血，根及叶用于治疗跌打损伤，有去瘀生新功效。

216 金缕梅

| 学名 | Hamamelis mollis | 科名 | 金缕梅科 | 属名 | 金缕梅属 |

形态特征

　　落叶灌木或小乔木，高达8 m。嫩枝有星状绒毛，老枝秃净。叶纸质或薄革质，阔倒卵圆形。头状或短穗状花序腋生，有花数朵，无花梗，花瓣带状，黄白色。蒴果卵圆形，密被黄褐色星状绒毛，萼筒长约为蒴果长的1/3；种子椭圆形，黑色，发亮。花期5月。

分布与生境

　　分布于四川、湖北、安徽、浙江、江西、湖南及广西等省（区），常见于中海拔的次生林或灌丛中。

217 蜡瓣花

| 学名 | *Corylopsis sinensise* | 科名 | 金缕梅科 | 属名 | 蜡瓣花属 |

形态特征

落叶灌木。嫩枝有柔毛，老枝秃净，有皮孔。叶薄革质，倒卵圆形或倒卵形，有时为长倒卵形。总状花序，被毛。果序长4~6 cm；蒴果近圆球形，长7~9 mm，被褐色柔毛；种子黑色，长5 mm。

分布与生境

分布于湖北、安徽、浙江、福建、江西、湖南、广东、广西及贵州等省（区），常见于山地灌丛中。

218 牛鼻栓

| 学名 | Fortunearia sinensis | 科名 | 金缕梅科 | 属名 | 牛鼻栓属 |

形态特征

落叶灌木或小乔木，高5 m。嫩枝有灰褐色柔毛。叶膜质，倒卵形或倒卵状椭圆形。两性花的总状花序，花瓣狭披针形，比萼齿为短。蒴果卵圆形，外面无毛，有白色皮孔，果瓣先端尖；种子卵圆形，褐色，有光泽；种脐马鞍形，稍带白色。花期3~4月，果期7~8月。

分布与生境

分布于陕西、河南、四川、湖北、安徽、江苏、江西及浙江等省。

219 山白树

| 学名 | Sinowilsonia henryi Hemsl. | 科名 | 金缕梅科 | 属名 | 山白树属 |

形态特征

落叶灌木或小乔木，高约8 m。嫩枝有灰黄色星状绒毛。叶纸质或膜质，倒卵形，稀为椭圆形，先端急尖，基部圆形或微心形。雄花总状花序无正常叶片，萼筒极短；雌花穗状花序，苞片披针形。蒴果无柄，卵圆形，先端尖，被灰黄色长丝毛或褐色星状绒毛，与蒴果离生；种子黑色，有光泽。花期4月，果9月成熟。

分布与生境

产于我国湖北西部、四川东北部和河南伏牛山、陕西秦岭及山西中条山，生于海拔1 300~1 600 m的山坡灌丛或杂木林中。喜生于山谷河岸、土壤湿润而通气良好、阳光散射的环境下。

经济用途

山白树为金缕梅科的单种属植物，野生种群多为单性花，经栽培后有变为两性花的倾向。它在金缕梅亚科中所处的地位对于阐明某些类群的起源和进化，有较重要的科学价值。

220 中国旌节花

| 学名 | Stachyurus chinensis | 科名 | 旌节花科 | 属名 | 旌节花属 |

形态特征

落叶灌木，高2~4 m，树皮光滑，紫褐色或深褐色。小枝粗壮，圆柱形，具淡色椭圆形皮孔。叶于花后发出，互生，纸质至膜质，卵形、长圆状卵形至长圆状椭圆形。穗状花序腋生，先叶开放，无梗；花黄色。果实圆球形，无毛，近无梗，基部具花被的残留物。花期3~4月，果期5~7月。

分布与生境

产于河南、陕西、西藏、浙江、安徽、江西、湖南、湖北、四川、贵州、福建、广东、广西和云南。生于海拔400~3 000 m的山坡、谷地林中或林缘。

221 腺柳

学名 Salix chaenomeloides　　**科名** 杨柳科　　**属名** 柳属

形态特征

　　小乔木。枝暗褐色或红褐色，有光泽。叶椭圆形、卵圆形至椭圆状披针形，先端急尖，嫩叶红色。雄花序长，花序梗和轴有柔毛；雌花序轴被绒毛。蒴果卵状椭圆形，长3~7 mm。花期4月，果期5月。

分布与生境

　　产于辽宁（丹东）及黄河中下游流域诸省。多生于海拔1 000 m以下（在辽宁海拔仅几十米）的山沟、水旁。

222 南川柳

| 学名 | Salix rosthornii | 科名 | 杨柳科 | 属名 | 柳属 |

形态特征

乔木或灌木。幼枝有毛，后无毛。叶披针形、椭圆状披针形或长圆形，稀椭圆形。花与叶同时开放，花具腹腺和背腺，形状多变化，常结合成多裂的盘状。蒴果卵形，长5~6 mm。花期3月下旬至4月上旬，果期5月。

分布与生境

产于陕西南部、四川东南部、贵州、湖北、湖南、江西、安徽南部、浙江等省。生于平原、丘陵及低山地区的水旁。

223 中国黄花柳

| 学名 *Salix sinica* | 科名 杨柳科 | 属名 柳属 |

形态特征

灌木或小乔木。当年生幼枝有柔毛，后无毛，小枝红褐色。叶形多变化，一般为椭圆形、椭圆状披针形、椭圆状菱形、倒卵状椭圆形、稀披针形或卵形、宽卵形。花先叶开放；雄花序无梗，雌花序短圆柱形。蒴果线状圆锥形，果柄与苞片几等长。花期4月下旬，果期5月下旬。

分布与生境

产于华北、西北和内蒙古。生于山坡或林中。

224 紫柳

| 学名 | *Salix wilsoni* | 科名 | 杨柳科 | 属名 | 柳属 |

形态特征

乔木，高可达13 m。一年生枝暗褐色，嫩枝有毛，后无毛。叶椭圆形、广椭圆形至长圆形，稀椭圆状披针形。花与叶同时开放，雄花，盛开时，疏花，轴密生白柔毛。蒴果卵状长圆形。花期3月底至4月上旬，果期5月。

分布与生境

产于湖北、湖南、江西、安徽、浙江、江苏等省。生于平原及低山地区的水边堤岸上。

225 水冬瓜

| 学名 | *Alnus sibirica* | 科名 | 桦木科 | 属名 | 桤木属 |

形态特征

乔木，高6~15 m；树皮灰褐色，光滑。枝条暗灰色，具棱，无毛；小枝褐色，密被灰色短柔毛，很少近无毛。叶近圆形，很少近卵形。果序2~8枚呈总状或圆锥状排列，近球形或矩圆形；果苞木质，顶端微圆。小坚果宽卵形，果翅厚纸质，极狭，宽及果的1/4。花期2~3月，果期11月。

分布与生境

产于黑龙江、吉林、辽宁、山东。生于海拔700~1 500 m的山坡林中、岸边或潮湿地。

经济用途

木材坚实，可做家具或农具。

226 华千金榆

| 学名 | Carpinus cordata var. chinensis | 科名 | 桦木科 | 属名 | 鹅耳枥属 |

形态特征

乔木，高约15 m；树皮灰色。小枝棕色或橘黄色，具沟槽，初时疏被长柔毛，后变无毛。叶厚纸质，卵形或矩圆状卵形，较少倒卵形。果序梗无毛或疏被短柔毛，序轴密被短柔毛及稀疏的长柔毛；果苞宽卵状矩圆形。小坚果矩圆形，无毛，具不明显的细肋。

分布与生境

产于东北、华北，河南、陕西、甘肃。生于海拔500~2 500 m的较湿润、肥沃的阴山坡或山谷杂木林中。

227 湖北鹅耳枥

| 学名 | *Carpinus hupeana* | 科名 | 桦木科 | 属名 | 鹅耳枥属 |

形态特征

乔木，高8~12 m，胸径达15 cm；树皮淡灰棕色。枝条灰黑色有小而凸起的皮孔，无毛；小枝细瘦，密被灰棕色长柔毛。叶厚纸质，卵状披针形、卵状椭圆形、长椭圆形。果序梗、序轴均密被长柔毛；果苞半卵形。小坚果宽卵圆形，除顶部疏生长柔毛外，其余无毛，无腺体。

分布与生境

产于河南南部、湖北西部、湖南北部、江苏南京宝华山、浙江天目山、江西武宁和太平山。

228 榛

| 学名 | Corylus heterophylla Fisch.ex Bess | 科名 | 桦木科 | 属名 | 榛属 |

形态特征

落叶灌木或小乔木，高1~7 m。叶互生，阔卵形至宽倒卵形，先端近截形而有锐尖头，基部圆形或心形，边缘有不规则重锯齿。花单性，雌雄同株，先叶开放；雄花成柔荑花序，圆柱形，雌花2~6个簇生枝端，开花时包在鳞芽内，仅有花柱外露。小坚果近球形。花期4~5月，果期9~10月。

分布与生境

分布于东北、华东、华北、西北及西南地区。

经济用途

榛树是果材兼用的优良树种。榛子，榛树的果实，形似栗子，外壳坚硬，果仁肥白而圆，有香气，含油脂量很大，吃起来特别香美，余味绵绵，因此成为最受人们欢迎的坚果类食品之一，有"坚果之王"之称，与扁桃、核桃、腰果并称为"四大坚果"。

229 牛尾菜

| 学名 | *Heterosmilax chinensis* Wang | 科名 | 百合科 | 属名 | 菝葜属 |

形态特征

木质藤木，长1~2 m，具根状茎。茎中空，有少量髓，干后凹瘪，具槽，无刺。叶片较厚，卵形、椭圆形至长圆状披针形，形状变化较大。花单性，雌雄异株，淡绿色，多朵排成伞形花序；总花梗较纤细，在花期一般不落。浆果球形，直径7~9 mm，成熟时黑色。花果期6~10月。

分布与生境

分布于北京、吉林、黑龙江、山东、河南、湖北等地。生于林下、林缘、灌丛、草丛中。

经济用途

牛尾菜的嫩茎叶含有蛋白质、维生素B1、维生素B2、维生素C、磷、钙、铁和锌等成分。采尚未展叶的牛尾菜幼芽、柔嫩的顶梢，鲜用、盐渍。

230 板栗

| 学名 | *Castanea mollissima* | 科名 | 壳斗科 | 属名 | 栗属 |

形态特征

乔木，高达20 m，胸径80 cm。小枝灰褐色。叶椭圆至长圆形，顶部短至渐尖，基部近截平或圆形，或两侧稍向内弯而呈耳垂状，常一侧偏斜而不对称。雄花序长10~20 cm，花序轴被毛，雌花1~3 (~5) 朵发育结实。成熟壳斗的锐刺有长有短，有疏有密，密时全遮蔽壳斗外壁，疏时则外壁可见。花期4~6月，果期8~10月。

分布与生境

除青海、宁夏、新疆、海南等少数省（区）外，广布南北各地。见于平地至海拔2 800 m山地。

经济用途

栗子除富含淀粉外，尚含单糖与双糖、胡萝卜素、硫胺素、核黄素、尼克酸、抗坏血酸、蛋白质、脂肪、无机盐类等营养物质。栗木的心材黄褐色，边材色稍淡，心边材界限不甚分明。纹理直，结构粗，坚硬，耐水湿，属优质材。壳斗及树皮富含没食子类鞣质。叶可作蚕饲料。

231 茅栗

| 学名 | Castanea seguinii | 科名 | 壳斗科 | 属名 | 栗属 |

形态特征

小乔木或灌木，通常高2~5 m，稀达12 m，小枝暗褐色，托叶细长；叶倒卵状椭圆形或兼有长圆形的叶，顶部渐尖。雄花序长5~12 cm，雄花簇有花3~5朵；雌花单生或生于混合花序的花序轴下部，每壳斗有雌花3~5朵。壳斗外壁密生锐刺，坚果无毛或顶部有疏伏毛。花期5~7月，果期9~11月。

分布与生境

广布于大别山以南、五岭南坡以北各地。生于海拔400~2 000 m丘陵山地，较常见于山坡灌木丛中，与阔叶常绿或落叶树混生。

经济用途

果较小，但味较甜。树性矮，有试验将它作栗树的砧木，可提早结果及适当密植。

232 石栎

| 学名 | *Lithocarpus glaber* | 科名 | 壳斗科 | 属名 | 柯属 |

形态特征

　　乔木，高15 m，胸径40 cm，一年生枝、嫩叶叶柄、叶背及花序轴均密被灰黄色短绒毛；叶革质或厚纸质，倒卵形、倒卵状椭圆形或长椭圆形；雄穗状花序多排成圆锥花序或单穗腋生，雌花序常着生少数雄花，雌花一般3朵、很少5朵一簇。坚果椭圆形，顶端尖，或长卵形，有淡薄的白色粉霜，暗栗褐色，果脐深。花期7~11月，果次年同期成熟。

分布与生境

　　产于秦岭南坡以南各地，但北回归线以南极少见，海南和云南南部不产。生于海拔约1 500 m以下坡地杂木林中，阳坡较常见，常因被砍伐，故生成灌木状。

经济用途

　　树皮褐黑色，不开裂，内皮红棕色。木材的心边材近于同色，干后淡茶褐色。材质颇坚重，结构略粗，纹理直行，不甚耐腐，适作家具、农具等用材。

233 毛葡萄

| 学名 | *Vitis heyneana* | 科名 | 葡萄科 | 属名 | 葡萄属 |

形态特征

　　木质藤本。小枝圆柱形，有纵棱纹，被灰色或褐色蛛丝状绒毛。卷须2叉分枝，密被绒毛，每隔2节间断与叶对生。叶卵圆形、长卵椭圆形或卵状五角形；花杂性异株；圆锥花序疏散，与叶对生，分枝发达，花蕾倒卵圆形或椭圆形。果实圆球形，成熟时紫黑色。花期4~6月，果期6~10月。

分布与生境

　　产于山西、陕西、甘肃、山东、河南、安徽、江西、浙江、福建、广东、广西、湖北、湖南、四川、贵州、云南、西藏。生于海拔100~3 200 m山坡、沟谷灌丛、林缘或林中。

经济用途

　　果可生食。

234 刺葡萄

| 学名 | Vitis davidii | 科名 | 葡萄科 | 属名 | 葡萄属 |

形态特征

木质藤本。小枝圆柱形，纵棱纹幼时不明显，被皮刺，无毛。卷须2叉分枝，每隔2节间断与叶对生。叶卵圆形或卵状椭圆形。花杂性异株；圆锥花序基部分枝发达，与叶对生，花蕾倒卵圆形。果实球形，成熟时紫红色。花期4~6月，果期7~10月。

分布与生境

产于陕西、甘肃、江苏、安徽、浙江、江西、湖北、湖南、广东、广西、四川、贵州、云南。生于海拔600~1 800 m山坡、沟谷林中或灌丛中。

经济用途

本种小枝无毛，有皮刺，很好区别于本属其他种。适应高温多湿的条件，并具有一定的抗病虫能力；根供药用，可治筋骨伤痛。

235 异叶爬墙虎

| 学名 | Parthenocissus heterophylla (Bl.) Merr. | 科名 | 葡萄科 | 属名 | 地锦属 |

形态特征

落叶藤木，植株全无毛。营养枝上的叶为单叶，心卵形，宽2~4 cm，缘有粗齿；花果枝上的叶为具长柄的三出复叶，中间小叶倒长卵形，长5~10 cm，侧生小叶斜卵形，基部极偏斜，叶缘有不明显的小齿或近全缘。聚伞花序常生于短枝端叶腋。果熟时紫黑色。花期6~7月，果期8~10月。

分布与生境

产于吉林、辽宁、河北、河南、山东、安徽、江苏、浙江、福建、台湾。生长在灌丛中、密林阴地，攀缘于石上、树上、山坡上、山坡林中石上、山坡疏林中阴石上。

经济用途

观赏性和实用功能俱佳的攀缘植物，应用甚广，特别是在建筑物墙面绿化的应用上非常普遍。除攀缘绿化，也可用作地被。

236 川鄂爬山虎

学名 Parthenocissus henryana (Hemsl.) Diels et Gilg 科名 葡萄科 属名 地锦属

形态特征

落叶藤本，小枝常具4纵棱，卷须多分枝，顶端有吸盘。掌状复叶，小叶5枚，坚纸质或薄革质，嫩叶及叶背红紫色。遮阴条件下，叶脉呈现雪青色，使得叶片极为美观。在全光条件下，叶脉变化不太明显。

分布与生境

产于云南、贵州、四川、湖南、河南、陕西、甘肃。生于山坡、沟谷疏林中。

经济用途

川鄂爬山虎在早春及入冬前红叶翻飞，十分悦目；种植在庭园墙壁、公园围墙处，蔓茎纵横、叶片密布，形成一道独特的风景。

237 蛇葡萄

| 学名 | *Ampelopsis bodinieri* | 科名 | 葡萄科 | 属名 | 蛇葡萄属 |

形态特征

木质藤本。小枝圆柱形，有纵棱纹，无毛。卷须2叉分枝，相隔2节间断与叶对生。叶片卵圆形或卵椭圆形，不分裂或上部微3浅裂。花序为复二歧聚伞花序，疏散，花蕾椭圆形。果实近球圆形。花期4~6月，果期7~8月。

分布与生境

产于陕西、河南、湖北、湖南、福建、广东、广西、海南、四川、贵州、云南。生于山谷林中或山坡灌丛荫处，海拔200~3 000 m。

238 紫金牛

| 学名 | Ardisia japonica | 科名 | 紫金牛科 | 属名 | 紫金牛属 |

形态特征

小灌木或亚灌木，近蔓生，具匍匐生根的根茎。直立茎，不分枝，幼时被细微柔毛，以后无毛。叶对生或近轮生，叶片坚纸质或近革质，椭圆形至椭圆状倒卵形。亚伞形花序，腋生或生于近茎顶端的叶腋，花瓣粉红色或白色，广卵形。果球形，鲜红色转黑色。花期5~6月，果期11~12月，有时次年5~6月仍有果。

分布与生境

产于陕西及长江流域以南各省（区），海南岛未发现，习见于海拔约1 200 m以下的山间林下或竹林下阴湿的地方。

经济用途

全株及根供药用，治肺结核、咯血、咳嗽、慢性气管炎效果很好；亦治跌打风湿、黄胆性肝炎、睾丸炎、白带、闭经、尿路感染等症，为我国民间常用的中草药，也是常见的花卉。

239 朱砂根

学名 Ardisia crenata　**科名** 紫金牛科　**属名** 紫金牛属

形态特征

灌木，高1~2 m，稀达3 m。茎粗壮，无毛，除侧生特殊花枝外，无分枝。叶片革质或坚纸质，椭圆形、椭圆状披针形至倒披针形。伞形花序或聚伞花序，着生于侧生特殊花枝顶端；花枝近顶端常具2~3片叶或更多，花瓣白色，稀略带粉红色，盛开时反卷。果球形，鲜红色，具腺点。花期5~6月，果期10~12月（有时2~4月）。

分布与生境

产于我国西藏东南部至台湾、湖北至海南岛等地区，海拔90~2 400 m的疏、密林下阴湿的灌木丛中。

经济用途

民间常用的中草药之一，根、叶可祛风除湿、散瘀止痛、通经活络，用于治跌打风湿、消化不良、咽喉炎及月经不调等症。果可食，亦可榨油，土榨出油率20%~25%，油可供制肥皂。作为观赏植物，在园艺方面的品种亦很多。

240 | 铁仔

| 学名 | Myrsine africana | 科名 | 紫金牛科 | 属名 | 铁仔属 |

形态特征

灌木，高0.5~1 m。小枝圆柱形，叶柄下延处多少具棱角，幼嫩时被锈色微柔毛。叶片革质或坚纸质，通常为椭圆状倒卵形，有时成近圆形、倒卵形、长圆形或披针形。花簇生或近伞形花序腋生。果球形，直径达5 mm，先红色后变紫黑色，光亮。花期2~3月（有时5~6月），果期10~11月（有时2月或6月）。

分布与生境

产于甘肃、陕西、湖北、湖南、四川、贵州、云南、西藏、广西、台湾。生于海拔1 000~3 600 m的石山坡、荒坡疏林中或林缘向阳干燥的地方。

经济用途

枝、叶药用，治风火牙痛、咽喉痛、脱肛、子宫脱垂、肠炎、痢疾、红淋、风湿、虚劳等症；叶捣碎外敷，治刀伤；皮和叶可提栲胶，皮含约35％，叶含约5％。

241 软枣

| 学名 | Diospyros lotus | 科名 | 柿科 | 属名 | 柿属 |

形态特征

落叶乔木，高可达30 m，胸径可达1.3 m；树冠近球形或扁球形；树皮灰黑色或灰褐色，深裂或不规则的厚块状剥落；小枝褐色或棕色；叶近膜质，椭圆形至长椭圆形。雄花1~3朵腋生，簇生，近无梗；雌花单生，几无梗，淡绿色或带红色。果近球形或椭圆形，初熟时为淡黄色，后则变为蓝黑色。花期5~6月，果期10~11月。

分布与生境

产于山东、辽宁、河南、河北、山西、陕西、甘肃、江苏、浙江、安徽、江西、湖南、湖北、贵州、四川、云南、西藏等省（区）。生于海拔500~2 300 m的山地、山坡、山谷的灌丛中，或在林缘。

经济用途

成熟果实可供食用，亦可制成柿饼，入药可止消渴，去烦热；又可供制糖、酿酒、制醋；果实、嫩叶均可供提取丙种维生素；未熟果实可提制柿漆，供医药和涂料用。木材质硬，耐磨损，可作纺织木梭、小用具及用于雕刻等；材色淡褐，纹理美丽，可作精美家具和文具。树皮可供提取单宁和制人造棉。

242 竹叶花椒

| 学名 *Zanthoxylum armatum* | 科名 芸香科 | 属名 花椒属 |

形态特征

高3~5 m的落叶小乔木。茎枝多锐刺，刺基部宽而扁，红褐色，小枝上的刺劲直，水平抽出。小叶背面中脉上常有小刺，仅叶背基部、中脉两侧有丛状柔毛，嫩枝梢及花序轴均无毛。叶有小叶3~9枚。花序近腋生或同时生于侧枝之顶。果紫红色，有微凸起少数油点。花期4~5月，果期8~10月。

分布与生境

产于山东以南，南至海南，东南至台湾，西南至西藏东南部。见于低丘陵坡地至海拔2 200 m山地的多类生境，石灰岩山地亦常见。

经济用途

国内有些地区有栽种。全株有花椒气味，麻舌，苦及辣味均较花椒浓，果皮的麻辣味最浓，果亦用作食物的调味料及防腐剂。根、茎、叶、果及种子均可入药，有祛风散寒、行气止痛之功效，治疗风湿性关节炎、牙痛、跌打肿痛；还可用作驱虫及醉鱼剂。

243 朵花椒

| 学名 | *Zanthoxylum molle* | 科名 | 芸香科 | 属名 | 花椒属 |

形态特征

高达10 m的落叶乔木。树皮褐黑色，嫩枝暗紫红色，茎干有鼓钉状锐刺，花序轴及枝顶部散生较多的短直刺，嫩枝的髓部大且中空。叶轴浑圆，常被短毛，叶有小叶13~19枚，小叶对生。花序顶生，多花；总花梗常有锐刺，花瓣白色。果柄及分果瓣淡紫红色，干后淡黄灰至灰棕色，顶端无芒尖，油点多，干后凹陷。花期6~8月，果期10~11月。

分布与生境

产于安徽、浙江、江西、湖南、贵州。见于海拔100~700 m丘陵地较干燥的疏林或灌木丛中。

经济用途

树皮的内皮层淡棕黄色，木材淡黄白色；树皮充作"海桐皮"；叶含挥发油0.1%，果含挥发油0.45%。

244 椿叶花椒

| 学名 | *Zanthoxylum ailanthoides* | 科名 | 芸香科 | 属名 | 花椒属 |

形态特征

落叶乔木，高稀达15 m，胸径30 cm。高约6 m的树皮厚约3 mm，外皮层甚薄，纵向细网状开裂，易脱落。内皮淡棕黄色，光滑，纤维坚韧。茎干有鼓钉状，基部宽达3 cm，长2~5 mm的锐刺。当年生枝的髓部甚大，常空心，花序轴及小枝顶部常散生短直刺，各部无毛。叶有小叶11~27片或稍多，小叶整齐对生。花序顶生，多花，几无花梗，花瓣淡黄白色。分果瓣淡红褐色，干后淡灰或棕灰色，顶端无芒尖，油点多，干后凹陷。花期8~9月，果期10~12月。

分布与生境

除江苏、安徽未见记录，云南仅富宁产外，长江以南各地均有。见于海拔500~1 500 m山地杂木林中。在四川西部，本种常生于以山茶属及栎属植物为主的常绿阔叶林中。

经济用途

根皮及树皮均作草药。味辛，苦，性平。一说有小毒。有祛风湿、通经络、活血、散瘀功效，治风湿骨痛、跌打肿痛。台湾居民用以治中暑、感冒。在浙江，它的干燥树皮或根皮称"海桐皮"，但也有称朵花椒的树皮为"海桐皮"的。

245 臭常山

| 学名 | Orixa japonica | 科名 | 芸香科 | 属名 | 臭常山属 |

形态特征

　　高1~3 m的灌木或小乔木。树皮灰或淡褐灰色，幼嫩部分常被短柔毛，枝、叶有腥臭气味，嫩枝暗紫红色或灰绿色，髓部大，常中空。叶薄纸质，全缘或上半段有细钝裂齿，下半段全缘。雄花序轴纤细，雌花的萼片及花瓣形状和大小均与雄花近似。成熟分果瓣阔椭圆形，干后暗褐色，每分果瓣由顶端起沿腹及背缝线开裂，内有近圆形的种子1粒。花期4~5月，果期9~11月。

分布与生境

　　产于河南、安徽、江苏、浙江、江西、湖北、湖南、贵州、四川、云南（丽江）。见于海拔500~1 300 m山地密林或疏林向阳坡地。

经济用途

　　根、茎用作草药。味辛，性寒。据载有小毒。能清热利湿、调气镇咳、镇痛、催吐，可治胃气痛、风湿关节痛等。

246 臭辣树

| 学名 | Evodia fargesii | 科名 | 芸香科 | 属名 | 吴茱萸属 |

形态特征

高达17 m的乔木，胸径达40 cm。树高约12 m的枝皮厚约5 mm，不开裂，外皮灰黑色，内皮淡黄色。木材的心边材区别明显，边材棕黄色，心材淡褐色。树皮平滑，暗灰色，嫩枝紫褐色，散生小皮孔。叶有小叶5~9片，很少11片，小叶斜卵形至斜披针形。花序顶生，花甚多。成熟心皮5~4个，稀3个，紫红色，干后色较暗淡，每分果瓣有1粒种子；种子褐黑色，有光泽。花期6~8月，果期8~10月。

分布与生境

产于安徽、浙江、湖北、湖南、江西、福建、广东北部（乳源）、广西、贵州、四川、云南。生于海拔600~1 500 m山地、山谷较湿润地方。

经济用途

结构与楝叶吴茱萸近似，也是速生树种，材质中等，适作一般家具用材。

247 吴茱萸

| 学名 | *Evodia rutaecarpa* | 科名 | 芸香科 | 属名 | 吴茱萸属 |

形态特征

小乔木或灌木，高3~5 m。嫩枝暗紫红色，与嫩芽同被灰黄或红锈色绒毛，或疏短毛。叶有小叶5~11片，小叶薄至厚纸质、卵形、椭圆形或披针形。花序顶生；雄花序的花彼此疏离，雌花序的花密集或疏离。果密集或疏离，暗紫红色，有大油点，每分果瓣有1粒种子；种子近圆球形，一端钝尖，腹面略平坦，褐黑色，有光泽。花期4~6月，果期8~11月。

分布与生境

产于秦岭以南各地，但海南未见有自然分布，曾引进栽培，均生长不良。生于平地至海拔1 500 m山地疏林或灌木丛中，多见于向阳坡地。

经济用途

嫩果经炮制晾干后即是传统中药吴茱萸，简称吴萸，是苦味健胃剂和镇痛剂，又作驱蛔虫药。

248 臭椿

| 学名 | *Ailanthus altissima* | 科名 | 苦木科 | 属名 | 臭椿属 |

形态特征

落叶乔木，高可达20余m，树皮平滑而有直纹。嫩枝有髓，幼时被黄色或黄褐色柔毛，后脱落。叶为奇数羽状复叶，小叶对生或近对生，纸质，卵状披针形。圆锥花，花淡绿色。翅果长椭圆形，种子位于翅的中间，扁圆形。花期4~5月，果期8~10月。

分布与生境

我国除黑龙江、吉林、新疆、青海、宁夏、甘肃和海南外，各地均有分布。世界各地广为栽培。

经济用途

本种在石灰岩地区生长良好，可作石灰岩地区的造林树种，也可作园林风景树和行道树。木材黄白色，可制作农具、车辆等。叶可饲椿蚕（天蚕）；树皮、根皮、果实均可入药，有清热利湿、收敛止痢等效。种子含油35%。

249 无患子

| 学名 | *Sapindus mukorossi* | 科名 | 无患子科 | 属名 | 无患子属 |

形态特征

落叶大乔木，高可达20余m，树皮灰褐色或黑褐色。嫩枝绿色，无毛。小叶5~8对，通常近对生，叶片薄纸质，长椭圆状披针形或稍呈镰形。花序顶生，圆锥形；花小，辐射对称。果的发育分果近球形，直径2~2.5 cm，橙黄色，干时变黑。花期春季，果期夏秋。

分布与生境

产于我国东部、南部至西南部。各地寺庙、庭园和村边常见栽培。

经济用途

根和果入药，味苦微甘，有小毒，有清热解毒、化痰止咳功能；果皮含有皂素，可代肥皂，尤宜于丝质品之洗濯；木材质软，边材黄白色，心材黄褐色，可做箱板和木梳等。

250 黄檗

学名 Cortex Phellodendri Chinensis 　科名 芸香科　属名 黄檗属

形态特征

落叶乔木，高10~25 m。树皮厚，外皮灰褐色，木栓发达，不规则网状纵沟裂，内皮鲜黄色；小枝通常灰褐色或淡棕色。奇数羽状复叶对生，小叶5~15枚，披针形至卵状长圆形。雌雄异株；圆锥状聚伞花序，花小，黄绿色。浆果状核果呈球形，密集成团，熟后紫黑色。花期5~6月，果期9~10月。

生境与分布

分布于四川、湖北、云南等省。产于河南伏牛山南部及大别山，生于山坡或山沟杂木林中。

经济用途

树皮入药，能清热泻火、解毒。内皮可做染料，种子可榨油。

251 清风藤

| 学名 | Sabia japonica Maxim. | 科名 | 清风藤科 | 属名 | 清风藤属 |

形态特征

落叶攀缘木质藤本。嫩枝绿色，被细柔毛，老枝紫褐色，具白蜡层，常留有木质化成单刺状或双刺状的叶柄基部。叶近纸质，卵状椭圆形、卵形或阔卵形，叶背带白色。花先叶开放，单生于叶腋，花瓣5片，淡黄绿色，倒卵形或长圆状倒卵形。分果近圆形或肾形。花期2~3月，果期4~7月。

分布与生境

产于江苏、安徽、浙江、福建、江西、广东、广西。生于海拔800 m以下的山谷、林缘灌木林中。

经济用途

以植物的茎叶或根入药，驱风通络；治风湿痹痛、肌肉麻木初起、皮肤瘙痒及疮毒。

252 鄂西清风藤

学名 Sabia campanulata Wall. ex Roxb. subsp.ritchieae　**科名** 清风藤科　**属名** 清风藤属

形态特征

落叶攀缘木质藤本。小枝淡绿色，有褐色斑点、斑纹及纵条纹，无毛。叶膜质，嫩时披针形或狭卵状披针形，成长叶长圆形或长圆状卵形。花深紫色，花梗长1~1.5 cm，花瓣长5~6 mm，果时不增大、不宿存而早落；花盘肿胀，高长于宽，基部最宽，边缘环状。花期5月，果期7月。

分布与生境

产于江苏中南部、安徽、浙江、福建、江西、广东北部、湖南、湖北、陕西南部、甘肃南部、四川（东部、南部及西部）、贵州。生于海拔500~1 200 m的山坡及湿润山谷林中。

253 泡花树

| 学名 | *Meliosma cuneifolia* | 科名 | 清风藤科 | 属名 | 泡花树属 |

形态特征

落叶灌木或乔木，高可达9 m，树皮黑褐色。小枝暗黑色，无毛。叶为单叶，纸质，倒卵状楔形或狭倒卵状楔形。圆锥花序顶生，直立，花瓣近圆形。核果扁球形，核三角状卵形，顶基扁，腹部近三角形，具不规则的纵条凸起或近平滑，中肋在腹孔一边显著隆起延至另一边，腹孔稍下陷。花期6~7月，果期9~11月。

分布与生境

产于甘肃、陕西、河南、湖北西部、四川、贵州、云南、西藏。生于海拔650~3 300 m的落叶阔叶树种或针叶树种的疏林或密林中。

经济用途

木材红褐色，纹理略斜，结构细，质轻，为良材之一。叶可提单宁，树皮可剥取纤维。根、皮药用，治无名肿毒、毒蛇咬伤、腹胀水肿。

254 暖木

| 学名 | Meliosma veitchiorum | 科名 | 清风藤科 | 属名 | 泡花树属 |

形态特征

乔木，高可达20 m；树皮灰色，不规则的薄片状脱落。幼嫩部分多少被褐色长柔毛；小枝粗壮，具粗大近圆形的叶痕。复叶叶轴圆柱形，基部膨大；小叶纸质，7~11片。圆锥花序顶生，直立，花白色。核果近球形，核近半球形，平滑或具不明显稀疏纹。花期5月，果期8~9月。

分布与生境

产于云南北部、贵州东北部、四川、陕西南部、河南、湖北、湖南、安徽南部、浙江北部。生于海拔1 000~3 000 m湿润的密林或疏林中。

255 苦树

| 学名 | *Picrasma quassioides (D. Don) Benn.* | 科名 | 苦木科 | 属名 | 苦树属 |

形态特征

落叶乔木，高达10余m；树皮紫褐色，平滑，有灰色斑纹，全株有苦味。叶互生，奇数羽状复叶，小叶9~15片，卵状披针形或广卵形，边缘具不整齐的粗锯齿。花雌雄异株，组成腋生复聚伞花序，花序轴密被黄褐色微柔毛，花瓣与萼片同数，卵形或阔卵形。核果成熟后蓝绿色，种皮薄，萼宿存。花期4~5月，果期6~9月。

分布与生境

分布于我国黄河流域以南各省。生于海拔1 400~2 400 m湿润的山谷杂木林中。

经济用途

木材稍硬，心材黄色，边材黄白色，刨削后具光泽；树皮及根皮极苦，有毒，入药能泻湿热、杀虫、治疥；亦为园艺上著名农药，多用于驱除蔬菜害虫。

256 黄连市

| 学名 *Pistacia chinensis* | 科名 漆树科 | 属名 黄连木属 |

形态特征

落叶乔木，高达20余m；树干扭曲，树皮暗褐色，呈鳞片状剥落，幼枝灰棕色。奇数羽状复叶互生，有小叶5~6对，叶轴具条纹，被微柔毛，小叶对生或近对生，纸质，披针形。花单性异株，先花后叶，圆锥花序腋生，雄花序排列紧密，雌花序排列疏松。核果倒卵状球形，略压扁，成熟时紫红色。

分布与生境

产于长江以南各省（区）及华北、西北，生于海拔140~3 550 m的石山林中。

经济用途

木材鲜黄色，可提黄色染料，材质坚硬致密，可供家具和细工用材。种子榨油可作润滑油或制皂。幼叶可充蔬菜，并可代茶。

257 黄栌

| 学名 | *Cotinus coggygria* | 科名 | 漆树科 | 属名 | 黄栌属 |

形态特征

灌木，高3~5 m。叶倒卵形或卵圆形，先端圆形或微凹，基部圆形或阔楔形，全缘，两面尤其叶背显著被灰色柔毛。圆锥花序，被柔毛；花杂性，花瓣卵形或卵状披针形。果肾形，长约4.5 mm，宽约2.5 mm，无毛。

分布与生境

产于河北、山东、河南、湖北、四川。生于海拔700~1 620 m的向阳山坡林中。

经济用途

木材黄色，古代作黄色染料。树皮和叶可提栲胶。叶含芳香油，为调香原料。嫩芽可炸食。叶秋季变红，美观，即北京称之"西山红叶"。

258 盐肤市

| 学名 Rhus chinensis | 科名 漆树科 | 属名 盐肤木属 |

形态特征

落叶小乔木或灌木，高2~10 m。小枝棕褐色，被锈色柔毛，具圆形小皮孔。奇数羽状复叶有小叶2~6对，叶轴具宽的叶状翅，小叶多形，卵形或椭圆状卵形或长圆形。圆锥花序宽大，多分枝，雌花序较短，密被锈色柔毛。核果球形，略压扁，被具节柔毛和腺毛，成熟时红色。花期8~9月，果期10月。

分布与生境

我国除东北、内蒙古和新疆外，其余省（区）均有。生于海拔170~2 700 m的向阳山坡、沟谷、溪边的疏林或灌丛中。

经济用途

本种为五倍子蚜虫寄主植物，在幼枝和叶上形成虫瘿，即五倍子，可供鞣革、医药、塑料和墨水等工业上用。幼枝和叶可作土农药。果泡水代醋用，生食酸咸止渴。种子可榨油。根、叶、花及果均可供药用。

259 青麸杨

| 学名 | Rhus potaninii | 科名 | 漆树科 | 属名 | 盐肤木属 |

形态特征

落叶乔木，高5~8 m；树皮灰褐色，小枝无毛。奇数羽状复叶，有小叶3~5对，叶轴无翅，被微柔毛；小叶卵状长圆形或长圆状披针形。圆锥花序，被微柔毛，花白色。核果近球形，略压扁，径3~4 mm，密被具节柔毛和腺毛，成熟时红色。

分布与生境

产于云南、四川、甘肃、陕西、山西、河南。生于海拔900~2 500 m的山坡疏林或灌木林中。

260 漆树

| 学名 | Toxicodendron vernicifluum | 科名 | 漆树科 | 属名 | 漆树属 |

形态特征

　　落叶乔木，高达20 m。树皮灰白色，粗糙，呈不规则纵裂。小枝粗壮，被棕黄色柔毛，后变无毛，具圆形或心形的大叶痕和突起的皮孔。奇数羽状复叶互生，常螺旋状排列，有小叶4~6对，叶轴圆柱形，被微柔毛；叶柄近基部膨大，半圆形，上面平；小叶膜质至薄纸质，卵形或卵状椭圆形或长圆形。圆锥花序，花黄绿色。果序多少下垂，核果肾形或椭圆形，不偏斜，略压扁；外果皮黄色，无毛，中果皮蜡质；果核棕色，与果同形坚硬。花期5~6月，果期7~10月。

分布与生境

　　除黑龙江、吉林、内蒙古和新疆外，其余省（区）均产。生于海拔800~3 800 m的向阳山坡林内。

经济用途

　　树干韧皮部可割取生漆，漆是一种优良的防腐、防锈的涂料，有不易氧化、耐酸、耐醇和耐高温的性能，用于涂漆建筑物、家具、电线、广播器材等。种子油可制油墨，肥皂；果皮可取蜡，作蜡烛、蜡纸。叶可提栲胶；叶、根可作土农药；木材供建筑用。干漆在中药上有通经、驱虫、镇咳的功效。

261 木蜡树

| 学名 | Toxicodenddron sylvestre(Sieb. et Zucc.) O.Kunrze. | 科名 | 漆树科 | 属名 | 漆树属 |

形态特征

落叶灌木或小乔木，高可达10 m。树皮灰褐色，初平滑后呈纵裂。单数羽状复叶，多聚生于枝顶；小叶9~15枚，对生，小叶片长椭圆状披针形。圆锥花序腋生，长约10 cm；花小，杂性，黄绿色。核果扁平而偏斜，中果皮有蜡质，内果皮坚硬，成熟时淡黄色。花期5~6月，果期10月。

分布与生境

分布于西南、华南、华东及河北、河南等地。生于山坡、山沟、灌木林中。

经济用途

为我国植物图谱数据库收录的有毒植物，其毒性为其树液有毒，有毒成分与中毒症状均和漆树相似。

262 | 毛果槭

| 学名 | Acer nikoense Maxim. | 科名 | 槭树科 | 属名 | 槭属 |

形态特征

落叶乔木，皮褐色，小枝绿被毛。复叶具3小叶；小叶纸质或近于革质，长圆椭圆形或长圆披针形，先端锐尖或短锐尖，边缘具很稀疏的钝锯齿，下面灰绿色，被长柔毛。聚伞花序，具3~5朵花；花杂性，雄花与两性花异株。翅果黄褐色；小坚果凸起，近于球形，密被短柔毛；翅略向内弯，张开近于直角或钝角；果梗长6 mm，密被疏柔毛。花期4月，果期9月。

分布与生境

浙江西北部、安徽南部、江西北部和湖北西部都有分布。生于海拔1 000~1 800 m的林中。

263 长柄槭

| 学名 | Acer longipes | 科名 | 槭树科 | 属名 | 槭属 |

形态特征

落叶乔木，高4~5 m，稀逾10 m。树皮灰色或紫灰色，微现裂纹。小枝圆柱形；当年生的嫩枝紫绿色，无毛。叶纸质，基部近于心脏形，长8~12 cm，宽7~13 cm，通常3裂，稀5裂或不裂；裂片三角形，下面淡绿色，有灰色短柔毛。伞房花序，顶生，花瓣5枚，黄绿色。小坚果压扁状，黄色或黄褐色，张开成锐角。花期4月，果期9月。

分布与生境

产于河南西南部、陕西南部、湖北西部、四川东北部、安徽南部。生于海拔1 000~1 500 m的疏林中。

264 | 三角枫

| 学名 | *Acer buergerianum* | 科名 | 槭树科 | 属名 | 槭属 |

形态特征

落叶乔木，高5~10 m，稀达20 m。树皮褐色或深褐色，粗糙。小枝细瘦；当年生枝紫色或紫绿色。叶纸质，基部近于圆形或楔形，外貌椭圆形或倒卵形。花多数常成顶生被短柔毛的伞房花序，花瓣5片，淡黄色。翅果黄褐色；小坚果特别凸起，中部最宽，基部狭窄，张开成锐角或近于直立。花期4月，果期8月。

分布与生境

产于山东、河南、江苏、浙江、安徽、江西、湖北、湖南、贵州和广东等省。生于海拔300~1 000 m的阔叶林中。

265 茶条槭

| 学名 | *Acer ginnala* | 科名 | 槭树科 | 属名 | 槭属 |

形态特征

落叶灌木或小乔木，高5~6 m。树皮粗糙、微纵裂，灰色，稀深灰色或灰褐色。小枝细瘦，近于圆柱形，无毛，当年生枝绿色或紫绿色，多年生枝淡黄色或黄褐色。叶纸质，基部圆形、截形或略近于心脏形，叶片长圆卵形或长圆椭圆形，较深的3~5裂。伞房花序，无毛，花杂性，雄花与两性花同株，花瓣5片，长圆卵形，白色。果实黄绿色或黄褐色；小坚果嫩时被长柔毛，脉纹显著，张开近于直立或成锐角。花期5月，果期10月。

分布与生境

产于黑龙江、吉林、辽宁、内蒙古、河北、山西、河南、陕西、甘肃。生于海拔800 m以下的丛林中。

266 鸡爪槭

| 学名 | Acer palmatum | 科名 | 槭树科 | 属名 | 槭属 |

形态特征

落叶小乔木，树皮深灰色。小枝细瘦，当年生枝紫色或淡紫绿色，多年生枝淡灰紫色或深紫色。叶纸质，外貌圆形，直径7~10 cm，基部心脏形或近于心脏形，稀截形，5~9掌状分裂，通常7裂。花紫色，杂性，雄花与两性花同株。翅果嫩时紫红色，成熟时淡棕黄色；小坚果球形，张开成钝角。花期5月，果期9月。

分布与生境

产于山东、河南南部、江苏、浙江、安徽、江西、湖北、湖南、贵州等省。生于海拔200~1 200 m的林边或疏林中。

经济用途

世界著名观赏树种，栽培品种非常多。

267 青榨槭

| 学名 | Acer davidii | 科名 | 槭树科 | 属名 | 槭属 |

形态特征

落叶乔木，高10~15 m，稀达20 m。树皮黑褐色或灰褐色，常纵裂成蛇皮状。小枝细瘦，圆柱形，无毛。叶纸质，外貌长圆卵形或近于长圆形，先端锐尖或渐尖，常有尖尾。花黄绿色，杂性，雄花与两性花同株，成下垂的总状花序，顶生于着叶的嫩枝。翅果嫩时淡绿色，成熟后黄褐色，展开成钝角或几成水平。花期4月，果期9月。

分布与生境

产于华北、华东、中南、西南各省（区）。在黄河流域、长江流域和东南沿海各省（区），常生于海拔500~1 500 m的疏林中。

经济用途

本种生长迅速，树冠整齐，为绿化和造林树种。树皮纤维较长，又含单宁，可作工业原料。

268 | 葛萝槭

| 学名 | *Acer grosseri* | 科名 | 槭树科 | 属名 | 槭属 |

形态特征

落叶乔木。树皮光滑，淡褐色。小枝无毛，细瘦，当年生枝绿色或紫绿色。叶纸质，卵形，5裂。花淡黄绿色，单性，雌雄异株，常成细瘦下垂的总状花序。翅果嫩时淡紫色，成熟后黄褐色，张开成钝角或近于水平。花期4月，果期9月。

分布与生境

产于河北、山西、河南、陕西、甘肃、湖北西部、湖南、安徽。生于海拔1 000~1 600 m的疏林中。

269 安徽槭

| 学名 | Acer anhweiense Fang et Fang. f. | 科名 | 槭树科 | 属名 | 槭属 |

形态特征

落叶小乔木，高7 m。树皮平滑，淡灰褐色。小枝圆柱形，无毛，绿色或淡紫绿色。叶纸质，外貌近于圆形，基部深心脏形，常9裂，极稀7裂，中央裂片长度约等于叶片的1/3至1/2。果序伞房状，小坚果凸起，卵圆形，紫绿色，脉纹显著，张开成钝角。花期不明，果期9月。

分布与生境

分布在大别山区。生于海拔1 500~1 700 m的山谷坡地、疏林中。

270 阔叶槭

| 学名 | *Acer amplum* Rehd. | 科名 | 槭树科 | 属名 | 槭属 |

形态特征

落叶高大乔木，高10~20 m，稀达25 m。树皮平滑，黄褐色或深褐色。小枝圆柱形，无毛，当年生枝绿色或紫绿色。叶纸质，基部近于心脏形或截形，叶片的宽度常大于长度，常3裂，稀3裂或不分裂。伞房花序，生于着叶的小枝顶端，总花梗很短，花瓣5片，白色。翅果嫩时紫色，成熟时黄褐色；小坚果压扁状，张开成钝角。花期4月，果期9月。

分布与生境

分布在我国大陆的广东、安徽、贵州、四川、云南、浙江、湖北、湖南、江西等地，生长于海拔1 000~2 000 m的地区，多生在疏林中。

271 秦岭槭

| 学名 | Acer tsinglingense Fang et. Hsieh | 科名 | 槭树科 | 属名 | 槭属 |

形态特征

落叶乔木，高8~10 m，树皮灰褐色。当年生枝淡紫色，被灰色短柔毛。叶纸质，3裂，中裂片长圆卵形。花序被短柔毛，由无叶的小枝旁边生出，花单性，雌雄异株，淡绿色。翅镰刀形，张开近于直立。花期4月，果期8~9月。

分布与生境

河南西部、陕西南部、甘肃东南部都有分布。生于海拔1 200~1 500 m的疏林中。

272 建始槭

| 学名 | Acer henryi | 科名 | 槭树科 | 属名 | 槭属 |

形态特征

落叶乔木，高约10 m，树皮浅褐色。小枝圆柱形，当年生嫩枝紫绿色，有短柔毛。叶纸质，复叶由3小叶组成；小叶椭圆形或长圆椭圆形。穗状花序，下垂，花淡绿色，单性，雄花与雌花异株。翅果嫩时淡紫色，成熟后黄褐色，小坚果凸起，长圆形，张开成锐角或近于直立。花期4月，果期9月。

分布与生境

产于山西南部、河南、陕西、甘肃、江苏、浙江、安徽、湖北、湖南、四川、贵州。生于海拔500~1 500 m的疏林中。

273 血皮槭

| 学名 | Acer griseum (Franch.)Pax | 科名 | 槭树科 | 属名 | 槭属 |

形态特征

　　落叶乔木，高10~20 m。树皮赭褐色，常成卵形、纸状的薄片脱落。小枝圆柱形，当年生枝淡紫色，密被淡黄色长柔毛。复叶有3枚小叶；小叶纸质，卵形，椭圆形或长圆椭圆形。聚伞花序有长柔毛，常仅有3朵花，雄花与两性花异株。小坚果黄褐色，凸起，近于卵圆形或球形，密被黄色绒毛，张开近于锐角或直角。花期4月，果期9月。

分布与生境

　　分布比较广泛。多生长于海拔600~1 500 m山林中。

经济用途

　　树皮红棕色，自然卷曲，鳞片状斑驳脱落。深绿色的叶片在秋季呈现鲜红色，鲜艳夺目，极具观赏价值。

274 野鸦椿

学名 *Euscaphis japonica*   **科名** 省沽油科   **属名** 野鸦椿属

形态特征

    落叶小乔木或灌木，高2~8 m，树皮灰褐色，具纵条纹。小枝及芽红紫色，枝叶揉碎后发出恶臭气味。叶对生，奇数羽状复叶，小叶5~9 枚。圆锥花序顶生，花多，较密集，黄白色。蓇葖果，果皮软革质，紫红色，有纵脉纹，种子近圆形，径约5 mm，假种皮肉质，黑色有光泽。花期5~6月，果期8~9月。

分布与生境

    除西北各省外，全国均产，主产江南各省，西至云南东北部。

经济用途

    木材可为器具用材，种子油可制皂，树皮提栲胶；根及干果入药，用于祛风除湿，也栽培作观赏植物。

275 省沽油

| 学名 | *Staphylea bumalda* | 科名 | 省沽油科 | 属名 | 省沽油属 |

形态特征

落叶灌木，高约2 m，稀达5 m，树皮紫红色或灰褐色，有纵棱。枝条开展，绿白色复叶对生，有长柄，柄长2.5~3 cm，具3枚小叶；小叶椭圆形、卵圆形或卵状披针形。圆锥花序顶生，直立，花白色。蒴果膀胱状，扁平，种子黄色，有光泽。花期4~5月，果期8~9月。

分布与生境

产于黑龙江、吉林、辽宁、河北、山西、陕西、浙江、湖北、安徽、江苏、四川。生于路旁、山地或丛林中。

经济用途

种子油可制肥皂及油漆。茎皮可作纤维。据分析，种子含油17.57%。

276 醉鱼草

| 学名 | Buddleja lindleyana | 科名 | 马钱科 | 属名 | 醉鱼草属 |

形态特征

灌木，高1~3 m。茎皮褐色；小枝具四棱，棱上略有窄翅；幼枝、叶片下面、叶柄、花序、苞片及小苞片均密被星状短绒毛和腺毛。叶对生，萌芽枝条上的叶为互生或近轮生，叶片膜质，卵形、椭圆形至长圆状披针形。穗状聚伞花序顶生，花紫色，芳香；花萼钟状。果序穗状；蒴果长圆状或椭圆状，种子淡褐色，小，无翅。花期4~10月，果期8月至翌年4月。

分布与生境

产于江苏、安徽、浙江、江西、福建、湖北、湖南、广东、广西、四川、贵州和云南等省(区)。生于海拔200~2 700 m山地路旁、河边灌木丛中或林缘。

经济用途

全株有小毒，捣碎投入河中能使活鱼麻醉，便于捕捉，故有"醉鱼草"之称。花、叶及根供药用，有祛风除湿、止咳化痰、散瘀之功效。兽医用枝叶治牛泻血。全株可用作农药，专杀小麦吸浆虫、螟虫及灭孑孓等。花芳香而美丽，为公园常见优良观赏植物。

277 密蒙花

| 学名 | Buddleja officinalis Maxim | 科名 | 马钱科 | 属名 | 醉鱼草属 |

形态特征

灌木，高1~4 m。小枝略呈四棱形，灰褐色；小枝、叶下面、叶柄和花序均密被灰白色星状短绒毛。叶对生，叶片纸质，狭椭圆形、长卵形、卵状披针形或长圆状披针形。花多而密集，组成顶生聚伞圆锥花序，花冠紫堇色，后变白色或淡黄白色，喉部橘黄色，花冠管圆筒形。蒴果椭圆状，外果皮被星状毛，基部有宿存花被；种子多颗，狭椭圆形，两端具翅。花期3~4月，果期5~8月。

分布与生境

产于山西、陕西、甘肃、江苏、安徽、福建、河南、湖北、湖南、广东、广西、四川、贵州、云南和西藏等省（区）。生于海拔200~2 800 m向阳山坡、河边、村旁的灌木丛中或林缘。其适应性较强，石灰岩山地亦能生长。

经济用途

全株供药用，尤以密生的花序和色泽灰黄、有短绒毛及质地柔软的花蕾为最佳品。花（包括花序）有清热利湿、明目退翳之功效。根可清热解毒。兽医用枝叶治牛和马的红白痢。茎皮纤维坚韧，可做造纸原料。花芳香而美丽，为南方一种良好的庭园观赏植物。

278 蓬莱葛

| 学名 | *Gardneria multiflora* | 科名 | 马钱科 | 属名 | 蓬莱葛属 |

形态特征

木质藤本，长达8 m。枝条圆柱形，有明显的叶痕；除花萼裂片边缘有睫毛外，全株均无毛。叶片纸质至薄革质，椭圆形、长椭圆形或卵形，少数披针形。花很多而组成腋生的二至三歧聚伞花序，花冠辐状，黄色或黄白色，花冠管短。浆果圆球状，有时顶端有宿存的花柱，果成熟时红色，种子圆球形，黑色。花期3~7月，果期7~11月。

分布与生境

产于秦岭、淮河以南，南岭以北。生于海拔300~2 100 m山地密林下或山坡灌木丛中。

经济用途

根、叶可供药用，有祛风活血之效，主治关节炎、坐骨神经痛等。

279 | 雪柳

| 学名 Fontanesia fortunei | 科名 木犀科 | 属名 雪柳属 |

形态特征

　　落叶灌木或小乔木，高达8 m；树皮灰褐色。枝灰白色，圆柱形，小枝淡黄色或淡绿色，四棱形或具棱角，无毛。叶片纸质，披针形、卵状披针形或狭卵形。圆锥花序顶生或腋生，花两性或杂性同株，花冠深裂至近基部，裂片卵状披针形。果黄棕色，倒卵形至倒卵状椭圆形，先端微凹，边缘具窄翅；种子具三棱。花期4~6月，果期6~10月。

分布与生境

　　产于河北、陕西、山东、江苏、安徽、浙江、河南及湖北东部。生于水沟、溪边或林中，海拔在800 m以下。

经济用途

　　嫩叶可代茶，枝条可编筐，茎皮可制人造棉；亦栽培作绿篱。

280 白蜡树

| 学名 | Fraxinus chinensis | | 科名 | 木犀科 | 属名 | 梣属 |

形态特征

落叶乔木，高10~12 m；树皮灰褐色，纵裂。小枝黄褐色，粗糙，无毛或疏被长柔毛，旋即秃净，皮孔小，不明显。羽状复叶长，小叶5~7枚，硬纸质，卵形、倒卵状长圆形至披针形。圆锥花序顶生或腋生枝梢，花雌雄异株。翅果匙形，上中部最宽，先端锐尖，常呈犁头状，基部渐狭，翅平展，下延至坚果中部，坚果圆柱形。花期4~5月，果期7~9月。

分布与生境

产于南北各省（区）。多为栽培，也见于海拔800~1 600 m山地杂木林中。

经济用途

本种在我国栽培历史悠久，分布甚广。主要经济用途为放养白蜡虫生产白蜡，尤以西南各省栽培最盛。贵州西南部山区栽的枝叶特别宽大，常在山地呈半野生状态。性耐瘠薄干旱，在轻度盐碱地也能生长。植株萌发力强，材理通直，生长迅速，柔软坚韧，供编制各种用具；树皮也作药用。

281 连翘

学名 *Forsythia suspensa*　　**科名** 木犀科　　**属名** 连翘属

形态特征

　　落叶灌木。枝开展或下垂，棕色、棕褐色或淡黄褐色，小枝土黄色或灰褐色，略呈四棱形，疏生皮孔，节间中空，节部具实心髓。叶通常为单叶，或3裂至3出复叶，叶片卵形、宽卵形或椭圆状卵形至椭圆形。花通常单生或2至数朵着生于叶腋，先于叶开放，花冠黄色。果卵球形、卵状椭圆形或长椭圆形，先端喙状渐尖，表面疏生皮孔。花期3~4月，果期7~9月。

分布与生境

　　产于河北、山西、陕西、山东、安徽西部、河南、湖北、四川。生于海拔250~2 200 m山坡灌丛、林下或草丛中，或山谷、山沟疏林中。我国除华南地区外，其他各地均有栽培，

经济用途

　　本种除果实入药，具清热解毒、消结排脓之效外，药用其叶，对治疗高血压、痢疾、咽喉痛等效果较好。

282 | 流苏树

学名 *Chionanthus retusus* 　科名 **木犀科** 　属名 **流苏树属**

形态特征

落叶灌木或乔木，高可达20 m。小枝灰褐色或黑灰色，圆柱形，开展，无毛，幼枝淡黄色或褐色，疏被或密被短柔毛。叶片革质或薄革质，长圆形、椭圆形或圆形，有时卵形或倒卵形至倒卵状披针形。聚伞状圆锥花序，单性而雌雄异株或为两性花，花冠白色。果椭圆形，被白粉，呈蓝黑色或黑色。花期3~6月，果期6~11月。

分布与生境

产于甘肃、陕西、山西、河北、河南以南至云南、四川、广东、福建、台湾。生于海拔3 000 m以下的稀疏混交林中或灌丛、山坡、河边。

经济用途

花、嫩叶晒干可代茶，味香；果可榨芳香油；木材可制器具。

283 女贞

学名 *Ligustrum lucidum*   科名 木犀科   属名 女贞属

形态特征

灌木或乔木，高可达25 m；树皮灰褐色。枝黄褐色、灰色或紫红色，圆柱形，疏生圆形或长圆形皮孔。叶片常绿，革质，卵形、长卵形或椭圆形至宽椭圆形。圆锥花序顶生，花冠白色。果肾形或近肾形，深蓝黑色，成熟时呈红黑色，被白粉。花期5~7月，果期7月至翌年5月。

分布与生境

产于长江以南至华南、西南各省（区），向西北分布至陕西、甘肃。生于海拔2 900 m以下疏、密林中。

经济用途

种子油可制肥皂；花可提取芳香油；果含淀粉，可供酿酒或制酱油；枝、叶上放养白蜡虫，能生产白蜡，蜡可供工业及医药用；果入药称女贞子，为强壮剂；叶药用，具有解热镇痛的功效；植株可作丁香、桂花的砧木或作行道树。

284 络石

| 学名 | *Trachelospermum jasminoides* | 科名 | 夹竹桃科 | 属名 | 络石属 |

形态特征

常绿木质藤本，长达10 m，具乳汁。茎赤褐色，圆柱形，有皮孔；小枝被黄色柔毛，老时渐无毛。叶革质或近革质，椭圆形至卵状椭圆形或宽倒卵形。二歧聚伞花序腋生或顶生，花多朵组成圆锥状，与叶等长或较长；花白色，芳香。蓇葖果双生，叉开，无毛，线状披针形，向先端渐尖，种子多颗，褐色，线形，顶端具白色绢质种毛。花期3~7月，果期7~12月。

分布与生境

本种分布很广，山东、安徽、江苏、浙江、福建、台湾、江西、河北、河南、湖北、湖南、广东、广西、云南、贵州、四川、陕西等省（区）都有分布。生于山野、溪边、路旁、林缘或杂木林中，常缠绕于树上或攀缘于墙壁上、岩石上，亦有移栽于园圃，供观赏。

经济用途

根、茎、叶、果实供药用，有祛风活络、利关节、止血、止痛消肿、清热解毒之效能，我国民间有用来治关节炎、肌肉痹痛、跌打损伤、产后腹痛等，安徽地区有用作治血吸虫、腹水病。乳汁有毒，对心脏有毒害作用。茎皮纤维拉力强，可制绳索、造纸及造人造棉。花芳香，可提取"络石浸膏"。

285 细叶水团花

| 学名 | Adina rubella | 科名 | 茜草科 | 属名 | 水团花属 |

形态特征

　　落叶小灌木，高1~3 m。小枝延长，具赤褐色微毛，后无毛；顶芽不明显，被开展的托叶包裹。叶对生，近无柄，薄革质，卵状披针形或卵状椭圆形，全缘。头状花序，单生，顶生或兼有腋生，花冠管长，5裂，花冠裂片三角状，紫红色。小蒴果长卵状楔形。花、果期5~12月。

分布与生境

　　产于广东、广西、福建、江苏、浙江、湖南、江西和陕西（秦岭南坡）。生于溪边、河边、沙滩等湿润地区。

经济用途

　　茎纤维为绳索、麻袋、人造棉和纸张等原料。全株入药，枝干通经；花球清热解毒，治菌痢和肺热咳嗽；根煎水服治小儿惊风症。

286 香果树

| 学名 | *Emmenopterys henryi* | 科名 | 茜草科 | 属名 | 香果树属 |

形态特征

落叶大乔木，高达30 m，胸径达1 m；树皮灰褐色，鳞片状。小枝有皮孔，粗壮，扩展。叶纸质或革质，阔椭圆形、阔卵形或卵状椭圆形。圆锥状聚伞花序顶生；花芳香，变态的叶状萼裂片白色、淡红色或淡黄色，纸质或革质，匙状卵形或广椭圆形，花冠漏斗形，白色或黄色。蒴果长圆状卵形或近纺锤形，无毛或有短柔毛，有纵细棱；种子多数，小而有阔翅。花期6~8月，果期8~11月。

分布与生境

产于陕西、甘肃、江苏、安徽、浙江、江西、福建、河南、湖北、湖南、广西、四川、贵州、云南东北部至中部。生于海拔430~1 630 m的山谷林中，喜湿润而肥沃的土壤。

经济用途

树干高耸，花美丽，可作庭园观赏树。树皮纤维柔细，是制蜡纸及人造棉的原料。木材无边材和心材的明显区别，纹理直，结构细，供制家具和建筑用。耐涝，可作固堤植物。

287 厚壳树

| 学名 | *Ehretia thyrsiflora* | 科名 | 紫草科 | 属名 | 厚壳树属 |

形态特征

落叶乔木，高达15 m，具条裂的黑灰色树皮。枝淡褐色，平滑，小枝褐色，无毛，有明显的皮孔；腋芽椭圆形，扁平，通常单一。叶椭圆形、倒卵形或长圆状倒卵形。聚伞花序圆锥状，花冠钟状，白色。核果黄色或橘黄色，直径3~4 mm；核具皱褶，成熟时分裂为2个具2粒种子的分核。

分布与生境

产于西南、华南、华东及台湾、山东、河南等省（区）。生于海拔100~1 700 m丘陵、平原疏林、山坡灌丛及山谷密林，为适应性较强的树种。

经济用途

可作行道树，供观赏；木材供建筑及家具用；树皮作染料；嫩芽可供食用；叶、心材、树枝入药。叶性甘，微苦，可清热暑，去腐生肌，主治感冒及偏头痛；心材性甘、咸、平，可破瘀生新、止痛生肌，主治跌打损伤、肿痛、骨折、痛疮红肿；树枝性苦，可收敛止泻，主治肠炎、腹泻。

288 兰香草

| 学名 | Caryopteris incana | 科名 | 马鞭草科 | 属名 | 莸属 |

形态特征

小灌木，高26~60 cm；嫩枝圆柱形，略带紫色，被灰白色柔毛，老枝毛渐脱落。叶片厚纸质，披针形、卵形或长圆形。聚伞花序紧密，腋生和顶生，无苞片和小苞片，花冠淡紫色或淡蓝色。蒴果倒卵状球形，被粗毛，直径约2.5 mm，果瓣有宽翅。花果期6~10月。

分布与生境

产于江苏、安徽、浙江、江西、湖南、湖北、福建、广东、广西。多生长于较干旱的山坡、路旁或林边。

经济用途

全草药用，既可疏风解表、祛痰止咳、散瘀止痛，又可外用治毒蛇咬伤、疮肿、湿疹等症。根入药，治崩漏、白带、月经不调。

289 华紫珠

| 学名 | Callicarpa cathayana | 科名 | 马鞭草科 | 属名 | 紫珠属 |

形态特征

灌木，高1.5~3 m。小枝纤细，幼嫩时稍有星状毛，老后脱落。叶片椭圆形或卵形。聚伞花序细弱，略有星状毛，花序梗长4~7 mm，苞片细小，花冠紫色，疏生星状毛，有红色腺点。果实球形，紫色，径约2 mm。花期5~7月，果期8~11月。

分布与生境

产于河南、江苏、湖北、安徽、浙江、江西、福建、广东、广西、云南。多生于海拔1 200 m以下的山坡、谷地的丛林中。

290 日本紫珠

| 学名 | Callicarpa japonica | 科名 | 马鞭草科 | 属名 | 紫珠属 |

形态特征

灌木，高约2 m。小枝圆柱形，无毛。叶片倒卵形、卵形或椭圆形。聚伞花序细弱而短，花序梗长6~10 mm，花冠白色或淡紫色，无毛。果实球形，径约2.5 mm。花期6~7月，果期8~10月。

分布与生境

产于辽宁、河北、山东、江苏、安徽、浙江、台湾、江西、湖南、湖北西部、四川东部、贵州。生于海拔220~850 m的山坡和谷地、溪旁的丛林中。

291 | 老鸦糊

| 学名 | *Callicarpa giraldii* | 科名 | 马鞭草科 | 属名 | 紫珠属 |

形态特征

灌木，高1~5 m。小枝圆柱形，灰黄色，被星状毛。叶片纸质，宽椭圆形至披针状长圆形。聚伞花序，4~5次分歧，被毛与小枝同，花冠紫色，稍有毛，具黄色腺点。果实球形，初时疏被星状毛，熟时无毛，紫色，径2.5~4 mm。花期5~6月，果期7~11月。

分布与生境

产于甘肃、陕西（南部）、河南、江苏、安徽、浙江、江西、湖南、湖北、福建、广东、广西、四川、贵州、云南。生于海拔200~3 400 m的疏林和灌丛中。

经济用途

全株入药能清热、活血、解毒，治小米丹（裤带疮）、血崩（《贵州民间药物》第一辑）。

292 豆腐柴

| 学名 | Premna microphylla | 科名 | 马鞭草科 | 属名 | 豆腐柴属 |

形态特征

直立灌木。幼枝有柔毛，老枝变无毛。叶揉之有臭味，卵状披针形、椭圆形、卵形或倒卵形。聚伞花序组成顶生塔形的圆锥花序，花冠淡黄色，外有柔毛和腺点，花冠内部有柔毛，以喉部较密。核果紫色，球形至倒卵形。花果期5~10月。

分布与生境

产于我国华东、中南、华南以及四川、贵州等地。生于山坡林下或林缘。

经济用途

叶可制豆腐；根、茎、叶入药，能清热解毒，消肿止血，主治毒蛇咬伤、无名肿毒、创伤出血。

293 海州常山

| 学名 | Clerodendrum trichotomum | 科名 | 马鞭草科 | 属名 | 大青属 |

形态特征

灌木或小乔木，高1.5~10 m。幼枝、叶柄、花序轴等多少被黄褐色柔毛或近于无毛，老枝灰白色，具皮孔，髓白色，有淡黄色薄片状横隔。叶片纸质，卵形、卵状椭圆形或三角状卵形。伞房状聚伞花序顶生或腋生，通常二歧分枝，花冠白色或带粉红色，花冠管细，果皮蓝紫色。花果期6~11月。

分布与生境

产于辽宁、甘肃、陕西以及华北、中南、西南各地。生于海拔2 400 m以下的山坡、灌丛中。

294 臭牡丹

学名	Clerodendrum bungei	科名	马鞭草科	属名	大青属

形态特征

灌木，高1~2 m，植株有臭味。花序轴、叶柄密被褐色、黄褐色或紫色脱落性的柔毛；小枝近圆形，皮孔显著。叶片纸质，宽卵形或卵形。伞房状聚伞花序顶生，密集，花冠淡红色、红色或紫红色，花冠管长2~3 cm。核果近球形，成熟时蓝黑色。花果期5~11月。

分布与生境

产于华北、西北、西南以及江苏、安徽、浙江、江西、湖南、湖北、广西。生于海拔2 500 m以下的山坡、林缘、沟谷、路旁、灌丛润湿处。

经济用途

根、茎、叶入药，有祛风解毒、消肿止痛之效，近来还用于治疗子宫脱垂。

295 大叶铁线莲

学名 Clematis heracleifolia　　科名 毛茛科　　属名 铁线莲属

形态特征

　　直立草本或半灌木，高0.3~1 m，有粗大的主根，木质化，表面棕黄色。茎粗壮，有明显的纵条纹，密生白色糙绒毛。三出复叶；小叶片亚革质或厚纸质，卵圆形、宽卵圆形至近于圆形。聚伞花序顶生或腋生，花梗粗壮，有淡白色的糙绒毛，雄花与两性花异株，花直径2~3 cm，花萼下半部呈管状，顶端常反卷；萼片4枚，蓝紫色，长椭圆形至宽线形，常在反卷部分增宽。瘦果卵圆形。花期8~9月，果期10月。

分布与生境

　　在我国分布于湖南、湖北、陕西、河南、安徽、浙江北部、山东、河北、山西、辽宁、吉林东部。常生于山坡沟谷、林边及路旁的灌丛中。

经济用途

　　全草及根供药用，有祛风除湿、解毒消肿的作用，治风湿关节痛、结核性溃疡等。种子可榨油，含油量14.5%，供油漆用（《秦岭植物志》）。

296 大花威灵仙

| 学名 | Clematis courtoisii Hand.-Mazz | 科名 | 毛茛科 | 属名 | 铁线莲属 |

形态特征

木质藤本，长2~4 m。须根黄褐色。茎圆柱形，棕红色或深棕色，幼时被开展的柔毛，后脱落近无毛。叶对生，三出复叶或二回二出复叶，小叶片薄纸质或亚革质，长圆形或卵状披针形。花两性，单生叶腋，被短柔毛，花梗中部有1对叶状苞片，宽卵形，先端锐尖，外面沿3条中脉形成一紫色的带，被柔毛，内面无毛，脉纹明显。瘦果倒卵形，被疏柔毛。花期5~6月，果期6~7月。

分布与生境

分布于湖南东部、安徽南部、河南南部、浙江北部及江苏南部。常生于海拔200~500 m的山坡及溪边和路旁的杂木林中、灌丛中，攀缘于树上。

297 木通

| 学名 | Akebia quinata | 科名 | 木通科 | 属名 | 木通属 |

形态特征

落叶木质藤本。茎纤细，圆柱形，缠绕，茎皮灰褐色，有圆形、小而凸起的皮孔；芽鳞片覆瓦状排列，淡红褐色。掌状复叶互生或在短枝上簇生，通常有小叶5片，小叶纸质，倒卵形或倒卵状椭圆形。伞房花序式的总状花序腋生，基部有雌花1~2朵，以上4~10朵为雄花，雄花花梗纤细，淡紫色，偶有淡绿色或白色。果孪生或单生，长圆形或椭圆形，成熟时紫色，腹缝开裂；种子多数，卵状长圆形，略扁平，不规则的多行排列，着生于白色、多汁的果肉中；种皮褐色或黑色，有光泽。花期4~5月，果期6~8月。

分布与生境

产于长江流域各省（区）。生于海拔300~1 500 m的山地灌木丛、林缘和沟谷中。

经济用途

茎、根和果实药用，可利尿、通乳、消炎，治风湿关节炎和腰痛；果味甜，可食；种子可榨油，制肥皂。

298 八月炸

| 学名 | Akebia trifoliata | 科名 | 木通科 | 属名 | 木通属 |

形态特征

落叶木质藤本，长达10 m。茎、枝无毛，灰褐色。三出复叶，小叶卵圆形，长宽变化很大，先端钝圆或具短尖，基部圆形，有时略呈心形，边缘浅裂或呈波状，叶柄细长，小叶3片，革质，上面略具光泽，下面粉灰色。总状花序腋生，春夏季开紫红色花，雌雄异花同株。果成熟于秋季，果实肉质，浆果状，长圆筒形，紫红色，果皮厚，果肉多汁，8~9月成熟。

分布与生境

产于河北、山西、山东、河南、甘肃和长江流域以南。生于山腰、溪边、灌丛、疏林中。

经济用途

果实及茎、藤可入药，果实可食用。

299 鹰爪枫

| 学名 | *Holboellia coriacea* | 科名 | 木通科 | 属名 | 八月瓜属 |

形态特征

常绿木质藤本。茎皮褐色。掌状复叶有小叶3片；叶柄长3.5~10 cm；小叶厚革质，椭圆形或卵状椭圆形，较少为披针形或长圆形，顶小叶有时倒卵形。花雌雄同株，白绿色或紫色，组成短的伞房式总状花序。果长圆状柱形，熟时紫色，干后黑色，外面密布小疣点；种子椭圆形，略扁平，种皮黑色，有光泽。花期4~5月，果期6~8月。

分布与生境

产于四川、陕西、湖北、贵州、湖南、江西、安徽、江苏和浙江。生于海拔500~2 000 m的山地杂木林或路旁灌丛中。

经济用途

果可食，亦可酿酒；根和茎皮药用，治关节炎及风湿痹痛。

300 大血藤

| 学名 | *Sargentodoxa cuneata* | 科名 | 木通科 | 属名 | 大血藤属 |

形态特征

落叶木质藤本，长达10余米。藤径粗达9 cm，全株无毛；当年枝条暗红色，老树皮有时纵裂。三出复叶，或兼具单叶，稀全部为单叶，小叶革质，顶生小叶近棱状倒卵圆形。总状花序长6~12 cm，雄花与雌花同序或异序。浆果近球形，成熟时黑蓝色。种子卵球形，基部截形；种皮黑色，光亮，平滑；种脐显著。花期4~5月，果期6~9月。

分布与生境

产于陕西、四川、贵州、湖北、湖南、云南、广西、广东、海南、江西、浙江、安徽。常见于山坡灌丛、疏林和林缘等，海拔常为数百米。

经济用途

根及茎均可药用，有通经活络、散瘀止痛、理气行血、杀虫等功效。茎皮含纤维，可制绳索。枝条可为藤条代用品。

301 木防己

学名 Cocculus orbiculatus (L.) DC.　　**科名** 防己科　　**属名** 木防己属

形态特征

木质藤本，小枝被绒毛至疏柔毛，或有时近无毛，有条纹。叶片纸质至近革质，形状变异极大，自线状披针形至阔卵状近圆形、狭椭圆形至近圆形、倒披针形至倒心形，有时卵状心形，顶端短尖或钝而有小凸尖，有时微缺或2裂，边全缘或3裂，有时掌状5裂。聚伞花序少花，腋生，或排成多花，狭窄聚伞圆锥花序，顶生或腋生。核果近球形，红色至紫红色，果核骨质。花期6~7月，果期8~9月。

分布与生境

我国大部分地区都有分布（西北部和西藏尚未见过），以长江流域中下游及其以南各省（区）常见。生于灌丛、村边、林缘等处。

经济用途

祛风止痛，行水清肿，解毒，降血压。用于治疗风湿痹痛、神经痛、肾炎水肿、尿路感染等，外治跌打损伤、蛇咬伤。

302 蝙蝠葛

| 学名 | Menispermum dauricum | 科名 | 防己科 | 属名 | 蝙蝠葛属 |

形态特征

草质、落叶藤本。根状茎褐色，垂直生；茎自位于近顶部的侧芽生出，一年生茎纤细，有条纹，无毛。叶纸质或近膜质，轮廓通常为心状扁圆形，两面无毛，下面有白粉。圆锥花序单生或有时双生，有细长的总梗，有花数朵至20余朵，花密集或稍疏散；雄花膜质，绿黄色，雌花雌蕊群具长0.5~1 mm的柄。核果紫黑色，基部弯缺深约3 mm。花期6~7月，果期8~9月。

分布与生境

产于东北部、北部和东部，湖北（保康）也发现过。常生于路边灌丛或疏林中。

303 金线吊乌龟

| 学名 | Stephania cepharantha | 科名 | 防己科 | 属名 | 千金藤属 |

形态特征

草质、落叶、无毛藤本，高通常1~2 m或更高；块根团块状或近圆锥状，有时不规则，褐色，生有许多突起的皮孔；小枝紫红色，纤细。叶纸质，三角状扁圆形至近圆形。雌雄花序同形，均为头状花序。核果阔倒卵圆形，成熟时红色；果核背部两侧各有10~12条小横肋状雕纹，胎座迹通常不穿孔。花期4~5月，果期6~7月。

分布与生境

分布地区西北至陕西汉中地区，东至浙江、江苏和台湾，西南至四川东部和东南部、贵州东部和南部，南至广西和广东。适应性较强，见于村边、旷野、林缘等处土层深厚、肥沃的地方。

经济用途

块根为民间常用草药，味苦性寒，功能为清热解毒、消肿止痛，又为兽医用药，称白药、白药子或白大药。块根含多种生物碱，其中千金藤素 (cepharanthine) 有抗痨、治胃溃疡和矽肺等功效。全果含胡萝卜素，种子含油达19%。

304 南紫薇

| 学名 | *Lagerstroemia subcostata* | 科名 | 千屈菜科 | 属名 | 紫薇属 |

形态特征

落叶乔木或灌木，高可达14 m。树皮薄，灰白色或茶褐色，无毛或稍被短硬毛。叶膜质，矩圆形、矩圆状披针形，稀卵形。花小，白色或玫瑰色，组成顶生圆锥花序。蒴果椭圆形，种子有翅。花期6~8月，果期7~10月。

分布与生境

产于台湾、广东、广西、湖南、湖北、江西、福建、浙江、江苏、安徽、四川及青海等省（区）。

经济用途

材质坚密，可作家具、细工及用于建筑，也可作轻便铁枕木；花药用，有去毒消瘀之效。

305 吊石苣苔

| 学名 | *Lysionotus pauciflorus* | 科名 | 苦苣苔科 | 属名 | 吊石苣苔属 |

形态特征

小灌木。茎长7~30 cm，分枝或不分枝，无毛或上部疏被短毛。叶3枚轮生，有时对生或斗枚轮生，具短柄或近无柄；叶片革质，形状变化大，线形、线状倒披针形、狭长圆形或倒卵状长圆形，少有为狭倒卵形或长椭圆形。花序有1~2花，花冠白色带淡紫色条纹或淡紫色，无毛；筒细漏斗状。蒴果线形，无毛。种子纺锤形。花期7~10月。

分布与生境

产于云南东部、广西、广东、福建、台湾、浙江、江苏南部、安徽、江西、湖南、湖北、贵州、四川、陕西南部。生于海拔300~2 000 m丘陵、山地林中或阴处石崖上或树上。

经济用途

全草可药用，治跌打损伤等症。

306 | 菝葜

| 学名 | *Smilax china* | 科名 | 百合科 | 属名 | 菝葜属 |

形态特征

　　攀缘灌木。根状茎粗厚，坚硬，为不规则的块状；茎长1~3 m，少数可达5 m，疏生刺。叶薄革质或坚纸质，圆形、卵形或其他形状。伞形花序生于叶尚幼嫩的小枝上，具十几朵或更多的花，常呈球形，花绿黄色。浆果直径6~15 mm，熟时红色，有粉霜。花期2~5月，果期9~11月。

分布与生境

　　产于山东（山东半岛）、江苏、浙江、福建、台湾、江西、安徽（南部）、河南、湖北、四川（中部至东部）、云南（南部）、贵州、湖南、广西和广东（海南岛除外）。生于海拔2 000 m以下的林下、灌丛中、路旁、河谷或山坡上。

经济用途

　　根状茎可以提取淀粉和栲胶，或用来酿酒。有些地区作土茯苓或与萆薢混用，也有祛风活血作用。

307 土茯苓

| 学名 | Smilax glabra | 科名 | 百合科 | 属名 | 菝葜属 |

形态特征

攀缘灌木。根状茎粗厚，块状，常由匍匐茎相连接，粗2~5 cm；茎长1~4 m，枝条光滑，无刺。叶薄革质，狭椭圆状披针形至狭卵状披针形，下面通常绿色，有时带苍白色。伞形花序通常具10余朵花，花绿白色，六棱状球形。浆果熟时紫黑色，具粉霜。花期7~11月，果期11月至次年4月。

分布与生境

产于甘肃（南部）和长江流域以南各省（区），直到台湾、海南岛和云南。生于海拔1 800 m以下的林中、灌丛下、河岸或山谷中，也见于林缘与疏林中。

经济用途

本种粗厚的根状茎入药，称土茯苓，性甘平，利湿热解毒，健脾胃，且富含淀粉，可用来制糕点或酿酒。

308 顶花板凳果

| 学名 | Pachysandra terminalis | 科名 | 黄杨科 | 属名 | 板凳果属 |

形态特征

亚灌木。茎稍粗壮，被极细毛，下部根茎状，横卧，屈曲或斜上，布满长须状不定根，上部直立，高约30 cm，生叶。叶薄革质，在茎上每间隔2~4 cm，有4~6枚叶接近着生，似簇生状。叶片菱状倒卵形。花序顶生，直立，花序轴及苞片均无毛，花白色。果卵形，花柱宿存，粗而反曲，长5~10 mm。花期4~5月。

分布与生境

产于甘肃、陕西、四川、湖北、浙江等省。生于海拔1 000~2 600 m山区林下阴湿地。

经济用途

地被植物，亦可作盆栽。可植于阴湿角落、建筑物背阴面，耐寒、耐阴性强。带根全草入药，可除风湿，能清热解毒、镇静止血、调经活血。

309 苦楝

| 学名 | Melia azedarach Linn. | 科名 | 楝科 | 属名 | 楝属 |

形态特征

落叶乔木，高15~20 m。树皮暗褐色，纵裂。二至三回奇数羽状复叶互生；小叶卵形至椭圆形。圆锥花序腋生或顶生；花淡紫色，花瓣5片，平展或反曲，倒披针形。核果圆卵形或近球形，淡黄色。花期4~5月，果熟期10~11月。

分布与生境

产于我国黄河以南各省（区）。生于低海拔旷野、路旁或疏林中。

经济用途

材用植物，其花、叶、果实、根皮均可入药，用根皮可驱蛔虫和钩虫。此外，果核仁油可供制润滑油和肥皂等。

310 庭藤

| 学名 | Indigofera decora | 科名 | 豆科 | 属名 | 木蓝属 |

形态特征

直立灌木或亚灌木，高30～90 cm，近秃净。单数羽状复叶，互生；小叶7～13枚，对生，叶片卵形至卵状披针形，上面绿色，无毛。总状花序腋生，长15 cm；花柄纤弱；萼杯状，5齿裂，萼齿宽三角形，有白色疏柔毛；花冠蝶形，淡红色，长约15 mm，旗瓣密被短毛。荚果直，线形，棕黑色。花期夏季。

分布与生境

产于安徽、浙江、福建、广东。生长于海拔200~1 800 m。

311 猬实

| 学名 | Kolkwitzia amabilis Graebn | 科名 | 忍冬科 | 属名 | 猬实属 |

形态特征

落叶灌木，株高1.5~3 m。叶交互对生，卵状椭圆形，叶缘全缘、叶身具柔毛。圆锥聚伞花序生枝顶，每一聚伞花序2朵花，此2朵花萼筒下部合生；花冠钟状，粉红色至紫色，喉部黄色，外有微毛，裂片5个。瘦果2个合生，通常只1个发育成熟，连同果梗密被刺状刚毛，顶端具宿存花萼。

分布与生境

本种分布自秦岭开始向东经中条山到太行山南部，另一支向东南至武当山和大别山，华中、华北和西北。

经济用途

在园林中可于草坪、角坪、角隅、山石旁、园路交叉口、亭廊附近列植或丛植，也可盆栽观赏或作切花。

312 青荚叶

| 学名 | Helwingia Willd | 科名 | 山茱萸科 | 属名 | 青荚叶属 |

形态特征

落叶灌木，高达3 m。叶纸质，卵形、卵圆形、稀椭圆形；先端渐尖，极少数先端为尾状渐尖；叶基部阔楔形或近于圆形，边缘具刺状细锯齿。初夏开花，雌雄异株，花小，黄绿色，生于叶面中央的主脉上。核果球形，黑色，故又名"叶上珠"。花期4~5月，果期7~9月。

分布与生境

分布于我国河南、陕西及长江流域至华南各地。

经济用途

全株入药，性平，味淡，可清热利尿，下乳。花绿白色，花果着生部位奇特，有很高的观赏价值，可室内盆栽或植林下。

313 山核桃

| 学名 | Carya cathayensis Sarg. | 科名 | 胡桃科 | 属名 | 山核桃属 |

形态特征

落叶乔木，高达10~20 m，胸径30~60 cm。树皮平滑，灰白色。1年生枝紫灰色，上端常被有稀疏的短柔毛，皮孔圆形，稀疏。复叶，有小叶5~7枚，侧生小叶具短的小叶柄或几乎无柄，对生，披针形或倒卵状披针形，有时稍成镰状弯曲。雄性柔荑花序3条成1束，雌性穗状花序直立。果实倒卵形，向基部渐狭，幼时具4狭翅状的纵棱，密被橙黄色腺体，果核倒卵形或椭圆状卵形。4~5月开花，9月果成熟。

分布与生境

山核桃在我国主产于浙、皖交界的天目山区、昌北区。适生于山麓疏林中或腐殖质丰富的山谷，海拔可达400~1 200 m。

经济用途

主要是食用价值，另外山核桃果壳可制活性炭，果壳、果皮、枝叶可生产天然植物燃料，总苞可提取单宁，木材可制作家具及供军工用。本种树干端直，树冠近广卵形，根系发达，耐水湿，可孤植、丛植于湖畔、草坪等，宜作庭荫树、行道树，亦适于河流沿岸及平原地区绿化造林，为很好的城乡绿化树种和果材兼用树种。